图解智力简史

【西班牙】何塞·安东尼奥·马里纳 / 著　【西班牙】马库斯·卡鲁斯 / 插画　吴 寒 / 译

HISTORIA VISUAL DE LA INTELIGENCIA

JOSÉ ANTONIO MARINA

ilustrado por MARCUS CARÚS

CTS|K 湖南科学技术出版社

JOSÉ ANTONIO
MARINA

HISTORIA
VISUAL DE LA
INTELIGENCIA

DE LOS ORÍGENES DE LA HUMANIDAD
A LA INTELIGENCIA ARTIFICIAL

ilustrado por
Marcus Carús

COORDINADO POR CORTIJO ENRÍQUEZ

conecta

Papel certificado por el Forest Stewardship Council®

MIXTO
Papel procedente de
fuentes responsables
FSC® C117695

Primera edición: octubre de 2019
Primera reimpresión: diciembre de 2019

© 2019, José Antonio Marina
© 2019, Penguin Random House Grupo Editorial, S.A.U.
Travessera de Gràcia, 47-49. 08021 Barcelona
© 2019, Marcus Carús, por las ilustraciones

Printed in Spain - Impreso en España

ISBN: 978-84-16883-65-3
Depósito legal: B-17.523-2019

Impreso en Limpergraf
Barberà del Vallès (Barcelona)

CN 8 3 6 5 3

Penguin
Random House
Grupo Editorial

献给
好奇的人们

本书除了文字内容，还包含各具特色的图片内容，其中有提供思考路径的思维导图、帮助解密的象形文字图、完美再现文字内容的插画以及纯粹用来欣赏的美丽图片。接下来，区分这些图片的任务就交给读者自己来完成吧。

目 录

乌斯贝克

"对人们的行为既不要嘲笑，又不要悲哀，也不要诅咒，而要理解。"

——巴鲁赫·斯宾诺莎，《政治论》，1677）

乌斯贝克最喜爱的哲学家

推文 1:

如果您对各种猜谜或解密不感兴趣，那就别往下看

我们通常很难捕捉到离我们很近或者已习以为常的事物，所以有时候需要拉开点距离才能看得更清楚。因此，本书也将运用一种特别的叙事技巧来讲故事。现在我们想象出一位虚构的人物，名叫乌斯贝克，它来自一个遥远的文明，来拜访地球的目的是探究人类本身及其各种发明创造的奥秘。乌斯贝克想要证明在人类的生活方式中确实存在一些有趣的东西值得它带回自己的世界。同时，跟随乌斯贝克进行这场探寻也可以让我们人类回忆起已经被自己忘却的历史。

乌斯贝克首先将看到代表人类文明的各种元素：城市、艺术、宗教、武器、卫生体系、政治体系、音乐、7000 多种不同的语言、强大的信息技术，等等。它肯定还能观察到人类种种令人困惑的行为：人类需要共存，但却不断地因为各种原因自相残杀；人类发明了很多东西，但却从来不感到满足，因为仍有新的东西不断被发明出来；人类永远善变，植物和动物只是随着季节的变化改变外貌，但是人类却每天都要穿不一样的衣服；人

类具有理性思考的能力，却经常做出不理智的行为；很多人对自己从来没见过的东西深信不疑，然后依据自己的信仰决定如何行事。

我们无法理解乌斯贝克的智力，因为它远超我们。它拥有和一台电脑一样的阅读能力：每秒可以阅读6亿页纸的内容，而人类每分钟最多只能阅读700个字。它还拥有无法估测的"工作内存"，不仅可以启动其强大的信息处理系统，还能准确识别海量信息来源，也就是我们人类所谓的"大数据技术"，此外它还具备从这种技术衍生出来的相似度搜索能力。乌斯贝克所在的文明习惯于从已获得的知识中探寻新的知识，这跟我们人类一样。例如，人类第一批神学家是通过"君主"这个已有的概念思考出"神"这个概念的，而第一批原子物理学家则是把原子看成一个小型太阳系从而得到研究灵感。我们很难理解乌斯贝克的情感，但是它显然对人类的情感非常感兴趣。乌斯贝克最后一个特点是它会通过图像来进行思考，这与我们所说的"图像思维"非常类似，它将很多知识点通过思维导图或者文字注解图等方式同步展现出来，乌斯贝克正是运用这种方式记录它的调查报告。之前我们得知其所在的文明已经研发出一种全息记忆系统，在这个系统的每个记忆片段中都能提取一段完整的信息。这本书正是乌斯贝克的实地调查报告，它以极快的速度进行全方位思考，有时候我不得不调查清楚某些信息是从哪里得来的。但这并不表示我不信任它提供的信息，而是纯粹想知道它为什么会这样说。

我又是谁呢？自我介绍一下，我是乌斯贝克的翻译。

JAM（何塞·安东尼奥·马里纳）

现有谱系图

推文 2:

乌斯贝克会发现您不知道自己将于何处消失，也不知道您所在的文明始于何处

乌斯贝克想了解人类，这正是它的任务，这个任务目标非常实际，但是我却费了好大的劲才最终发现。为了完成这个任务，乌斯贝克必须观察人类的行为并对这些行为进行比较，从中体会各种行为的不同之处。此外，它还需从零开始，因为它想了解人类智力发展的全过程。乌斯贝克第一眼就发现人类和其他生物一样，会和周围环境互动，与大自然交换能量和信息。虽然所有生物都生活在同一个自然环境中，但每种生物感知大自然的方式都不尽相同，它们都生活在自己的"生态巢穴"中，活在自己的"世界"里。正如著名科学家冯·乌克斯库尔的研究所说，狗和它们身上寄生的跳蚤各自的世界是完全不同的。1959 年罗姆·莱特文撰写了一篇文章，题为"青蛙的眼睛对青蛙的脑子说了什么？"。文章揭示，青蛙看到的"世界"是非常可悲的，因为它只能看到一些正在运动的模糊影像，而且视野范围极小。青蛙既看不到自己吃到嘴里的苍蝇也看不到跟自己共存的其他同类，更别说一切静止的事物了。青蛙只能看到运动中的影子。

乌斯贝克研究了一种社会组织性极强的物种：蚂蚁。蚂蚁建造的巨大蚁穴可供几万只蚂蚁共同生活。每一只蚂蚁都是有规划性地来到这个世界，它们活着的每一天都重复着同一种劳动，尽力完成使命。蚂蚁中有工蚁、兵蚁、雄蚁和蚁后。千百年来，不同分工的蚂蚁日复一日执行各自的任务，从未改变。因为它们完全适应了这种分工，并不需要改变。

　　和其他物种不同，人的类型多到惊人，而且他们对于"改变"这件事有种难以想象的热情。人类生活在不同的城市里，他们穿衣、做饭、说话和思考的方式各不相同，做出了成千上万的发明，利用各种各样的工具不断提升自己的能力。人类根据不同场景更换服装，所以出现了运动装、通勤装、工作服、晚宴装还有睡衣。人类生活在陆地，但也可以上天飞行、下海潜游。人类可以适应任何环境，换句话说，他们是天生的生存者，但同时他们也承认拥有自我毁灭的能力。人类是自然进化的结果，但现在他们知道自己也可以对进化进行干预。

　　乌斯贝克了解到人类生活的世界并不是大自然，而是被他们称为"文明"的地方，这是一个现实和虚幻的混合之地，充满着影响人类思考、感知和行为方式的各种新东西。地球被密集的信息网覆盖，充斥着数十亿的传感器、道路、沼泽、城市、耕地……每天都有无数条消息穿梭其中。人类与现实的联系需要通过很多中间人完成，例如科学家、宗教学者、神话家、诗人、经济学家和技术专家。

　　这是乌斯贝克在调查中获得的第一个惊喜发现。如果它想完全了解人类，那就应该先从人类的文明着手，因为那是人类在数万年历史长河中不断累积得出的成果，是人类真正的"生态巢穴"。这个巢穴使人类越来越远离自然，正如帝国大厦远离原始洞穴一般。

 乌斯贝克原本在他的调查笔记里写了一个公式:

人类的巨大秘密 = 生物学 + 文明

但后来他把这个公式划去，换了新的公式:

人类 = 惊人的循环

任何学者都知道，要理解一个方程式必须理解方程式中的每个组成部分。在上面这个式子中，"生物学"指的是人的生理系统。"文明"这个部分我们就很清楚了，指的是人类所有发明的总和，人类依靠这些发明解决需求、完成目标。文明也包含了语言、工具、习惯、游戏、武器、政治学术机构、艺术、科学、宗教和建筑。用一个词概括，文明就是"人类的世界"。乌斯贝克认为，将它所研究的"人类的世界"及其发明创造称为"人文"更加确切。它在笔记后一篇题为"问题若干"的附件中写道:

推文 3:

您被困住了，一直在惊人的循环里打转

图解智力简史

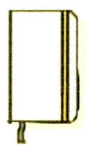

　　人类所有的发明都源自一种被称为"智力"的属性,这种属性充满魔力,给人类带来了多种不可思议的能力:它能够帮助人类解决问题、发明新东西、指导人们的行为,等等。人类认为"智力"存在于大脑这个身体部位当中,而且人类对于大脑的定义让乌斯贝克觉得有点难以理解。人类认为大脑和身体其他器官一样拥有自己的功能。其他器官的功能包括消化、呼吸或者移动身体,而大脑的功能则是思考,从而创造出文明。来自极先进文明的乌斯贝克认为这是一种稍显急促的跃进。例如,肝细胞分泌胆汁、胰腺分泌胰液就比较容易理解,因为这种情况下器官和它产生的物质都是现实的存在。但大脑则能产生想法、图像、感觉,这是不同层面的大飞跃。整个生理系统是通过物化反应进行运作的,但是数学则不一样。大脑运作产生相对论和《神曲》的过程,与胃产生胃液的过程完全不是一回事,它们完全属于不同的层次,后者是物理现实,而乌斯贝克只能暂时把前者定义为"抽象"。

　　乌斯贝克还发现智力和文明是循环产生的:智力创造了文明,文明又推动智力发展。举个例子,人类通过智力创造了语言,语言又对智力进行再造。人类通过智力创造了文字,文字又对智力进行重塑。这就是乌斯贝克所说的"惊人的循环"。我必须承认这句话很有道理,因为科学已经向我们证实文明确实可以改变人类的某些基因。

　　在仔细思考了自己的公式之后,乌斯贝克觉得自己什么都没懂，但是至少它已经知道这次的研究要从哪里开始，并且也知道了要运用何种研究方法。它应该从人类世界出发，尝试了解人类的伟大历程，了解人类从古到今的发展动力、发展原因和发展过程。从每一个物件、每一个行为或者每一种习惯出发，探讨人类神秘智力的根源，因为这是人类世界的一切来源。乌斯贝克的这个研究方法是从人类工程师那里学来的，工程师为了研究某个未知的精密仪器的运作原理，会把仪器拆散，以此来解决每一个部件是如何运作的，这个部件为什么会在哪里，以及它是如何被制造出来的等等问题。这种研究方法被称为"反向工程学"。乌斯贝克决定把这种谱系方法论运用到它所有的研究中去。

> **反向工程学**：探寻机器和人类身体的结构组成。举例：研究人员再现新石器时代的雕刻过程，以及现代技术人员拆解竞争对手的机器，以此来发现竞争对手的商业秘密。
>
> **反向历史学**：研究历史、学术机构和各类宗教的谱系。
>
> **反向心理学**：探寻人类行为根源。这是谱系学的根基，因为所有现象都来源于人类行为。人类认为智力是一种心理特质，但是乌斯贝克对此持怀疑态度。

乌斯贝克想从人类的现在追溯人类所有的历史。当它看到一架飞机飞过时，它的记忆（本书最突出的主角）告诉它飞机这个现代发明恰恰源自人类极其古老的心愿。人类最初的神话故事往往和飞行有关。巫师们认为自己的灵魂可以飞行。伊卡洛斯的传说是另一个例子。人类长久以来对飞行的渴望与飞机的诞生以及飞行技术的发展紧密联系在一起。例如，人类因为战争的需要，对飞行技术发展起到了极大的推动作用。乌斯贝克可以重启它记忆内存中所有关于人类的内容，这正是它想做的事情。

图解智力简史

　　乌斯贝克现在决定了它的研究路线：从人类文明谱系图出发，从中寻找人类智力的发展轨迹。人类有太多举动让它觉得吃惊：为什么人类会画画，会飞行，会用语言表达情感？为什么人类会为了几张纸拼命工作，然后用这些叫作"钞票"的纸来买东西？人类是如何组建政治体系、如何生产不计其数的汽车、如何将一个人的心脏移植到另一个人的身体里的？为什么人类在相信现代医学的同时又不断向神明祷告祈求病人的康复？漫步在人类的城市中，就像踏进了一个行刑工具的展览馆，乌斯贝克认为了解这些工具的用途可以帮助它进一步窥探人类智力的深渊。

　　这时，乌斯贝克面临一个方法论的问题：文明是一种非常复杂的现象。到底它应该从哪里开始？它需要做一个当下现实的谱系图，但是现实又太宽泛了。乌斯贝克知道文明的一部分收藏在图书馆和博物馆里，于是它决定从这两个地方着手研究人类的智力，而恰巧是人类的智力发明了这两个地方。

图书馆里有很多书籍，书籍就是书面记录的信息。这是人类记忆的大集合，是人类智力的核心部分，因为在人类记忆中储存了所有的信息和所有运用信息的能力，通过这些能力，人类可以产生各种灵活的行为。

人类经历了很长时间才发明了文字。7000 年前，在中国就出现了助记符的使用，此后的 1000 年和 2000 年里，助记符分别出现在巴尔干温查文化和印度河流域文化中。文字的出现在世界的很多地方是同时发生的。美索不达米亚的楔形文字大约出现在公元前 3200 年，埃及的象形文字大约出现在公元前 3100 年，希腊克里特岛和迈锡尼的文字大约出现在公元前 2000 年，中国黄河流域的文字大约出现在公元前 1400 年。中美洲的玛雅人和萨波特克人大约在公元前 7 世纪发明了自己的文字。

同样的情况在植物王国里也有所体现。所有植物必须解决一个问题：把种子散播出去，让它们有更多发芽的机会，远离母体，

克里特岛　　　　美索不达米亚
公元前 2000 年　　公元前 3200 年

中美洲　　　　埃及　　　　中国
公元前 400 年　公元前 3100 年　公元前 1400 年

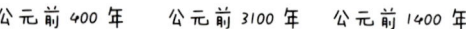

乌斯贝克在研究笔记中提问：为什么人类文明中存在这么多平行发明？

图解智力简史

避免因拥挤窒息而死。有些植物的冠毛就像羽毛和竹蜻蜓那样，可以随风飘散，另外一些植物长出了钩子或者黏稠的部位，可以附着在动物的毛发或者羽毛上。还有一些植物可确保自己不会被消化掉，通过动物的胃来完成传播。还有一些植物可以随着水流漂移出去。植物界甚至还发展出了极其聪明的方法，喷瓜可以将自己的种子与液体一起喷射出去，这是植物平行进化产生的一个最具代表性的例子。这种情况在自然界出现了太多次，比如眼睛就经历了 6 到 7 次的进化才变成今天的样子。乌斯贝克最后得出结论，认为所有生物以一种交替的机械方式不断进化，目的是获得一种有利的功能，而最有效的方式就是被自然选择。人类获得了这种能力并且日益精进。

文字是非常不同的。最早出现的文字是象形文字，这种文字是借助符号把一种物品模仿出来。由于物品数量实在太多，就导致要学会的符号也不计其数，这太过复杂，因此在古代想要普及文字和阅读实在是一件难事。于是，一项天才的发明就此产生。人类觉得，与其使用符号去代表事物，为何不使用声音呢？人在说话时用到的声音是很有限的。凭借非常有限的音素（比如字母）却可以说出所有单词，这样一来，阅读和书写就变得容易起来。

这种情况下，乌斯贝克懂得，想要理解人类的行为就应该从他们的发明开始溯源，从人类行动的动机出发去进行研究。人类为什么要发明文字？我们可以认为一项如此伟大的发明其初衷应该也同样伟大。是为了记录伟大神迹、神秘礼仪或者诗歌创作吗？并不是。现存历史上最早的泥板上记录的是账目。文字的发明者最初想记录的是欠债情况、牛羊数目还有各种物品的价格。但一种工具一旦被发明出来，人类就会不断扩大其用途。文字的发展也是如此，它被用来记录人类认为所有应该被记录的东西，而且人类还能凭借文字进行交流，于是就出现了书信、电报甚至 WHATSAPP……

乌斯贝克认为文字还有一种应用方式对人类智力进行了彻底的改造。这种应用方式就像一个工具，凭借这个工具人类可以想到很多新事物，如果没有它，人类则不可能对新事物有任何想法。也许大家觉得乌斯贝克把文字当成一种工具有点奇怪，就好像文字是一个扳手或者一把螺丝刀。但当大家知道乌斯贝克把神明、国家甚至灵魂这些概念也当作工具来看待时，就更加哗然了。但是乌斯贝克的这种想法已经把我说服了，我觉得它很有道理。工具是人类发明用来增加其行动效率的物品，也就是说，工具被人们用来做一些徒手无法完成的事情。科学家已经认可制造工具是人类的特征之一。在乌斯贝克的研究旅途中，它发现一部分工具是用于增加人类动手能力的实物工具（如餐具、器皿或者机器），另一部分则是增加人类思考能力的思维工具，文字就位列其中。乌斯贝克举了一个简单的例子：在计算 2765492077×367984 这道乘法时，如果通过书写计算的方式，得出结果就变得很简单，但是如果不写下来只凭大脑计算，那几乎是不可能完成的。天才物理学家理查德·费曼曾说，他并不是把思考的东西写下来，而是对写下的内容进行思考。他的这种思考方法也是一种"视觉思维"。这是一种建立在视觉信号上的思维方式。音乐领域也有相似性。贝多芬如果没有掌握音符书写的话，那他肯定写不出著名的交响曲。然而事实是，贝多芬在生命的最后时刻，在双耳完全失聪的情况下，还能在五线谱上看到那些音符。

乌斯贝克知道自己应该继续从图书馆着手进行下一步研究。文字自然是在语言之后才出现的，因为文字就是将语言变成一种书写符号。于是我们进入了一个神秘的领域，来到了人类历史的起源，距今大约 20 万年前。这本书的读者正在通过文字进行思考，但是在 20 万年前，人类暂时还不会说话，更确切地说，他们是失语者。也可以称呼他们是"infans"，意思是孩童，这个词的本义源于"还未学会说话的人"。这些古人是如何学会语言的我们不得而知，但可以想象那是人类智力发展的一个巨大转折。乌斯贝克不知道这个突然的转变在哪里发生，于是将其命名为"大爆炸区域"，是发生巨大跨越的区域，是经历巨变的区域。乌斯贝克将进一步探入这个区域当中。

参观美术馆成了乌斯贝克进行新研究的开端。那里的绘画作品被人类赋予了特别的价值。乌斯贝克看过一些有实用性特征的画作，比如地图、建筑平面图、发动机草图、药品分子式图片还有植物学图片，但是博物馆里收藏的绘画有另外一种特征和目的性。人类认为这些绘画作品具有"艺术性"，也就是展现了作者的绘画能力和艺术品位，同时这些作品还能让观者产生一种特别的情感共鸣，也就是所谓"美学"。乌斯贝克承诺之后会就"美学"进行研究。

美术馆墙上挂着的画只能供人们欣赏，没有任何其他实际功效，尽管这些绘画曾经确实起到过其他作用，比如，装饰宫殿、保存人物形象、用于宗教仪式或用于交易，等等。但所有这些用途都来源于绘画的两种最基

推文 5：

不要信任美术馆里的画作，您不知道它会把您带向何方

图解智力简史

本的用途：对画家绘画能力的展示以及对某种情感的表达。绘画最吸引人的地方在于这项艺术在历史长河中不分时间、不分地点不断地被实践。绘画的形式和风格一直在改变，但是其精神和传统却从未丢失。更确切地说应该是"多项传统"从未被丢失，因为同一种现实物品——如一棵树——可以通过不同画家之手，通过不同绘画风格和技巧呈现出来，而观众仍然可以轻松分辨出那是一棵树。一位西方画家的作品和一位东方画家的作品一定是有所区别的。但在动物世界里却没有与绘画这项人类活动类似的行为。确实有像园丁鸟的一些鸟类会通过装饰鸟巢的做法来吸引异性，但是那些装饰品和孔雀的尾巴作用是一样的，只是出于本能用于向异性求爱罢了。

　　乌斯贝克继续追溯人类记录真实的传统，它发现人类最初和绘画相似的一些记录方式。距今大约3万年前，人类开始对自己的工具进行装饰，并且开始在一些不易进入的洞穴的墙壁上画上一些图案。让乌斯贝克感到有趣的是这些现象也是在平行时间段出现的：在西班牙坎塔布里亚、加里曼丹岛和南非等世界上很多地方同时出现了类似的原始绘画。这些绘画在当时可能拥有魔法或宗教意味。史前学家赫伯特·库恩博士在1926年探寻了位于法国西南部阿里埃日省的三兄弟地下洞穴。由于通往洞穴的地道只有30厘米的高度，因此他不得不在地下迷宫一路爬行，那是一场难忘的体验。在爬行了一段时间后，窄小的地下通道将他引向了那个旧石器时代的伟大宫殿。"我当时感觉在一个棺材里爬行，"博士回忆道，"我明显感觉到自己的心跳，激动到几乎无法呼吸。"当他最终到达广阔的地下宫殿时，那种感觉就像经历了一场救赎。他当时站在一面巨大的石墙前，上面满是令人叹为观止的绘画形象：长毛象、野牛、野马……另外有一个怒目圆睁的半人半兽形象控制着整个动物场面，这个形象的目光好像紧紧锁在了来访者的身上。他是这些动物的主人吗？或是他半人半兽的形象象征着动物世界和人类世界的混合，也同时代表了自然界和神界的交融？也有可能这个地下世界只是当时一项宗教仪式开始的一部分。这趟旅行给年轻的博士带来的震撼彻底改变了他的一生。

乌斯贝克再一次确定了它此次研究的最终目的。是什么让人类致力于发展绘画和其他艺术方面的能力？第一批笛子是在距今约4万年前出现的。是什么让当时尚处于原始状态的游牧者、觅食者、狩猎者们创造了音乐这项艺术形式？乌斯贝克再一次站到了大爆炸区域的门前。

乌斯贝克提出了一个连它自己都觉得荒唐的问题："到底是人类创造了艺术，还是艺术创造了人类？正是艺术彻底把人类和动物近亲们区分开来。"

乌斯贝克的下一个谱系研究将在天文台展开。它正
通过巨型望远镜眺望苍穹，但它并非只想简单地看一看
天文学家到底在做什么。乌斯贝克有一个目的、一项计
划，这些目的和计划是推动它了解人类文明的重要动力。
它拥有旺盛的求知欲，它想了解这些天体的构成、来源
和行动轨迹，了解它们的规律。强烈的好奇心驱使它不
断探索。现在它成了一名科学家。太阳、星座、行星一
直是诗人歌颂的对象，但在科学领域又是另外一回事。
乌斯贝克发现科学是一种伟大的脑力发明，是一种通过
概念、规律、原理、度量单位等人类发明的各种工具来
了解事实的方法。人类对度量的热爱引起了乌斯贝克的
注意，因为这要求人类通过极其抽象的思考才能发明各
种测量单位。所有的科学知识都有最重要的一个共通点：
它们都是通过人造语言才得以生成。以数学为例，这项

科学是人类凭借"智力"这个神奇的能力创造出来，从而得以在现实生活中正确运用。人类甚至得出结论说大自然可以用数学术语记录下来。这可能吗？

乌斯贝克跟随自己的研究方法在历史的长河中继续追溯。人类对了解天文现象的热情在数千年前已经出现，那时可能人类正好结束动荡的游牧生活、刚刚开始耕种养家的安定生活。2000 年前出现的巨石阵之类的巨大石头纪念碑貌似和人类进行天文观察很有关系。到底是什么原因促使当时的传教士们开始对天空和宇宙进行如此彻底的观察？

人类与天文的渊源还要更早。好奇心是灵长类动物的特点。沃尔夫冈·科勒发现灵长类动物也有解决问题的能力，只是方法比较有限。原始人类对弄明白他们所看到的现象有一种特殊的渴望，因为他们想给这些现象做出解释，也就是说，通过一种充满逻辑、情感和诗意的方式将这些现象描述出来。做解释就是通过一些词语去理解一件事情。解释和理解是相辅相成的。人类求知的天性从特定年龄段的儿童不停向大人提问就可以看出来。孩子们并不满足于看到新鲜事物，他们想要理解这些新鲜事物存在的原因。人类历史故事中引入常见的自然现象就是对"做解释"的最早尝试。人类讲故事的能力和兴趣应该很早以前就出现了，而且从未消失过。将一个现象融合进故事就代表人类已经理解了它。原始人类并不理解天文现象是自然规律，他们不确定太阳一定会重新出现。对他们来说，太阳也是不稳定的，就像人类一样需要进食，有时候甚至需要用鲜活的生命去供奉太阳。对古希腊人来说，

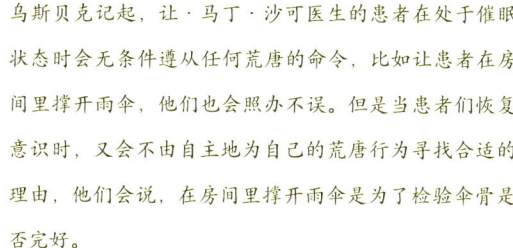

银河中的星星是神后朱诺在给儿子喂奶时撒出的乳汁变成的。阿兹特克人认为金星是羽蛇神克查尔科阿特尔的化身。在希腊神话中，赫拉将卡利斯托变成了一头熊，而卡利斯托的儿子阿尔卡斯没能认出熊是母亲变的，因此一心想猎得这头熊。宙斯为了避免弑母悲剧发生，就将卡利斯托变成了大熊星座，而将阿尔卡斯变成了小熊星座。美国东北部的易洛魁人则认为大熊星座是一头熊变的，而小熊星座则是追踪它的猎人变成的。对于西伯利亚的楚科奇人来说，猎户星座源于一个猎人追赶驯鹿的传说，猎人变成了猎户座，而那只驯鹿变成了仙后座。在西伯利亚的一个部落，人们认为追赶驯鹿的不是猎人，而是一只驼鹿，最后驼鹿变成了大熊星座。综上看来，虽然世界各地的人们对于星座是从何人、何种动物变化而来存有不同解释，但是星座传说的基本构造却是一致的。所有这些传说都被归为"宇宙狩猎"系列故事，大约在距今1.5万年前，不断涌现在亚洲、非洲、欧洲和美洲的文明大地上。每一个版本的"宇宙狩猎"故事都有一个核心内容，那就是一个人或者一种动物追赶着或者猎杀了另一种动物，而这些生灵最后变成了星座。这些星座传说是另

乌斯贝克记起，让·马丁·沙可医生的患者在处于催眠状态时会无条件遵从任何荒唐的命令，比如让患者在房间里撑开雨伞，他们也会照办不误。但是当患者们恢复意识时，又会不由自主地为自己的荒唐行为寻找合适的理由，他们会说，在房间里撑开雨伞是为了检验伞骨是否完好。

一种平行发明，把我们带向了一个充满魔力的故事丛林中。我必须要说，当今的心理学家认为人类的大脑拥有一种叙事结构。

　　乌斯贝克认可所有文明中对于神话传说的解释。远古人类出于将周遭事物合理化的目的从而编造了这些传说故事。所有的故事对于人类来说都是具有象征意义的。人类大部分的发展史就是用科学理论逐渐代替这些神话传说的过程。从神话到科学，从想象到理解，这一系列的发展都是人类本身智力艰难演化的过程，在这过程中人类对于寻找答案、理解真相的热情是实现一切目标的最原始的动力。

　　乌斯贝克再一次踏进了人类智力大爆炸的时空，但对于这个时空它目前仍然一无所知。

图解智力简史

"这么多人进教堂是去干什么？"乌斯贝克以这个问题开启了另一段谱系研究。乌斯贝克了解人类社会有一种普遍观点认为众多伟大文明最基本的差异在于宗教性质的不同。人类文明中出现了儒教、佛教、基督教、伊斯兰教……每一种宗教都会提到它的创始人，这位创始人将最古老的传统进行总结和改造，令这些传统有了不可思议的令人信服的能力。宗教在人类历史上似乎拥有绝对的重要性。人们信仰一个最高级别的存在，虽然肉眼看不到他，但是却对其无比信任；人们向这位神灵献上祈求或颂歌，遵循一切礼数寻求神的认可，服从神的一切要求，人类在做这些事情的同时可以获得慰藉，也可以通过这些行为减轻自己的恐惧。

在历史长河中追溯，乌斯贝克有些惊讶地发现，宗教是人类永恒的话题。它无法找到任何与宗教脱离的人类社会。人类在某一方面的平行创造再一次出现。每一种文明都有自己的神灵、仪式、信仰和宗教机构。尽管各有特色，但所有的宗教似乎在某一点上非常相似，就是都分为有形的和无形的两个世界，并且坚信无形世界是最强大的。此外，宗教还有非常令人叹服的一点：即使信徒们的祈求没有得到满足，他们还是会继续相信自己的神灵。

这再一次激起了乌斯贝克想要找出驱动人类发展因素的热情。它发现人类编造了无数个故事只是为了解释"大自然为什么存在"这个问题，而这个问题似乎根本不需要解释。"到底是多大的动力驱使人类想对这个问题做出解释？"乌斯贝克自问道。

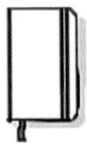

在调查笔记中，乌斯贝克记录了一些人类关于大自然的存在编写的故事。这些故事非常美妙，我将它们抄写了下来。当然，我并没有记下圣经里相关的故事，因为那些故事大家已经相当熟悉了。

在古老的美索不达米亚平原，人们这样描述世界的起源：

天之高兮，既未有名。

厚地之庳兮，亦未赋之以名。

始有漶虚，是其所出。

漠母彻墨，皆由孳生。

大浸一体，混然和同。

无纬萧以结庐，无沼泽之可睹。

于时众神，渺焉无形。

名号不立，命运靡定。

及乎伸之降，乃与俱生。

——《埃努玛·埃利什》，公元前 2000 年伊始创作的诗歌。

古印度人在其《梨俱吠陀》中这样解释自然的起源：

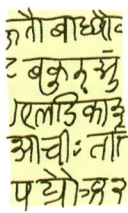

先于苍天，先于大地，

先于诸天，先于非天；

是何胎藏，水先承受，

复有万神，于中显现？

尔等不知，彼造群生，

另有一物，在尔身中。

古埃及人则是这样说的：

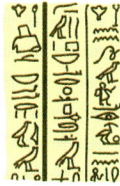

万物之主在其存在伊始便宣告："我是存在的开始，并且将
一直存在下去。当我存在，万物才开始存在。万物由我而起，
从我的口中生长出来。那时还没有天空和土地，也没有虫子
和蛇蚁。我虽然感到疲倦不堪，还是在永恒的深渊与万物联
系在一起。"

　　故事还有很多，我最后讲两个。这两个故事均来自最遥远
的文明，也最具异域风情。其中一个来自波利尼西亚，另一个
来自非洲大陆。

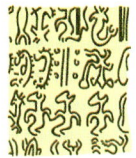

塔阿罗阿（Ta'aroa）是众神的祖先，他创造了一切。从远古
时代起伟大的塔阿罗阿就一直存在，他是万物之源。塔阿罗
阿在天地间生长，他是自己的祖先，没有父亲也没有母亲。
塔阿罗阿坐在他的贝壳上，栖息在永恒的黑暗中。贝壳就像
一枚鸡蛋，在无尽的空间里不停打转。没有天地，不见日月，
所有的一切都是一片混沌的黑暗。

起初，黑暗中什么都没有，只有水。邦巴独自存在于黑暗中。一天，邦巴觉得非常难受，他感到恶心，挣扎了一番过后他把太阳吐了出来。此后，阳光洒向各处。太阳的光热将水蒸发殆尽，直到黑暗的边缘重新显现。

　　乌斯贝克发觉，当追溯的历史越久远，它就越难将宗教与人类的其他活动区分开来，因为似乎那时所有的事物都带有一丝宗教意味，所有事情都具有象征意义。"象征"，乌斯贝克写道，"就像一枚一分为二的钱币，一人各拿一半，是多年之后两人重逢相认时的信物。"象征也是一种密码。人类在磕磕碰碰中一次又一次坚持给一切配上另一半：物品和名称、现实和表演、有形和无形。人类本来就认识"智力"的存在，却又不断发明新的"智力"。更确切地说，人类通过自己发明的各种概念、理论、数学方法、显微镜、望远镜、扫描仪、丈量工具等不断对自己的智力加深了解。乌斯贝克觉得自己走进了一个盘根错节的森林，林子中充满了各种故事、象征符号、发明创造、隐喻修辞……总之，都是人类的思考。

图解智力简史

当您感到恐惧时，
请向狄克女神祷
告。她是您伟大的
保护神

作为谱系研究的最后一站，乌斯贝克决定去法庭看一看。它见过一些人根据一些规定去评判另一些人的行为，这些规定换句话说就是一个规范体系。乌斯贝克感受到一股强大的不断演化的力量，这股力量最终在一个复杂的系统中安定下来，而这个系统可以解决各种冲突。如何对一项罪行下定论、警察如何行动、起诉和辩护程序如何启动都必须按照一个权威批准的法则而进行。

乌斯贝克在它的研究笔记中记下了这个经过几百年的锤炼后变得坚不可摧的体系：司法系统，是人类创造的社会性工具，用于解决各种冲突。如果没有这个系统，问题无法被解决。由此，人类发明的工具分为三类：体力工具、脑力工具和社会性工具。

纵观人类发展史，乌斯贝克发现人类的一大特性在于能够将自己的行为束于规范之中。这种特性在某些群居动物身上也能看到。这些动物之间存在着身份等级和一些特定行为的规则。但是动物身上的这种特性是它们经过千百年、通过不断重复某一种行为自然而然形成的。这些行为均由一种更高的力量管束着。雄性阿尔法动物掌控着它的世界。

这时候乌斯贝克的记忆系统提醒它将规范和宗教这两个概念联系在一起。乌斯贝克通过它最喜欢的一种分析模式来思考问题：启动记忆储存系统中的整个相关网络，然后慢慢去分析这个网络，或者通过一瞥所见将相关信息进行合成。乌斯贝克的快速分析方式让我惊叹不已。这次分析的结果确实证实，最早一批法典要求人类对神应无条件服从，因为法典就是神所创造的。因此我们可以看到人类最早出现的法典（约公元前 1800 年）是这样开头的：

—— "当时，天神安努和恩利尔将管理国家的权力交予听话的牧羊人里皮特·伊什塔，让他建立一个公平正义的国家。"
—— "天神安努与恩利尔为人类福祉计，命令我，荣耀而畏神的君主，汉谟拉比，发扬正义于世，灭除不法邪恶之人，使强不凌弱。"

乌斯贝克认为上文的最后一句话有些许奇怪，因为弱肉强食本就是自然界的法则。而当人类认为强者并不应该欺侮弱者的时候，似乎表示他们想从大自然的法则中脱离出来。再一次脱离出来。人类希望用另一种方式解决冲突。于是很快地，在人类所有文明中就出现了同一个词语，这个词指出了解决所有冲突的最好方法：

　　　　　　　　　　　　　图解智力简史

公正。乌斯贝克通过这个以小见大的综合分析游戏，再一次审视了整个法律体系。它想借助近义词来解释这个系统，如均衡、平衡、对等、秩序、正直。卡帕库人把正义称为 utauta，意思是"一半——一半"，表达了均衡的意思。在西方，天平是公正的象征，这种象征意义同样适用于加蓬的乌科米人。在拉丁文中，"补偿"或"奖励"这两个词汇来源于"称重"一词。赞比亚的洛兹人将公正一词称为"tukelo"，意为"平等"，这和希腊语中的"dike"有异曲同工之妙。在所有文明中，"对等"都是非常重要的准则。另外一项放之四海皆准的有关"公正"的解读是"秩序"，也就是"混乱"的对立面。最后，不得不提到与"公正"最为相关的词"正直"。塞内加尔的沃洛夫人用一条画得笔直的道路形容"公正"这个词。"规则(regla)""条例(reglamento)"这些词本身的意思也是表示"直线"或者"所有正确的事"。在西方，还有一些意为"笔直的"词语也与"公正"这个概念相关，比如 derecho（西班牙语）, dirigere（法语）, diritto（意大利语）, right（英语）, Recht（德语）。

在这些故事的背后，乌斯贝克感受到古老人类内心的恐惧，那是对混乱、无序、黑暗的恐惧。它同时也感受到人类想要通过仪式、规则、习俗和神话来建立秩序的渴望。正义女神狄克，就是人类伟大的保护神。

每一条走过的谱系研究道路似乎都将乌斯贝克带入一个神秘的区域，在这里人类似乎打断了进化线的连续性和稳定性。这是人类的突破点，乌斯贝克将其称为"大爆炸区域"。

人类和所有动物一样，都生活在自己的世界里。令人惊讶的是，人类的世界已经脱离了现实。在现实之上，人类创造了各种奇妙的建筑。例如，在"性"这个生理现实之上，人类构建了充满性爱、情色、爱恋、恋物癖和嫉妒的世界。中世纪的典雅爱情与简单的性本能并无多少关联，尽管前者是建立在后者之上，但那是一定程度上靠想象被改造、被延伸出的世界。人类不仅要解释他所看到的东西，更需要在给出解释后立刻从中找出关联。人类首先要有所感受，然后就试图寻找拥有这种感受的原因。太阳看上去一直在天空中运动，很多人类文

推文 9：

您也是一种动物，
但是一种精神动物

明将这种现象解释为神灵出行的轨迹。从那时起，人类必须将自己的行为与国王的行为联系起来，人们需要侍奉他、向其表示臣服、向其进行供奉。乌斯贝克认为联想是人类智力的主要能力之一，是一种自动工作机制。它的记忆库让它想起了一位名叫伊万·巴甫洛夫的科学家和他驯养的狗的故事。当时，科学家做了一个实验，每当给狗喂食的时候就敲一次钟，最终小狗将钟声和食物联想在一起，每次听到钟声就不自觉流下口水。乌斯贝克又记起这种联系链是可以延展的。海豚训练师知道在训练时应当将奖励和哨声联系在一起。如此一来，每当海豚跟随哨声做出动作时，就能得到一个奖励，也就是一条鱼。所有这些联系都是具有延展性、创造性的动作，从而促成了人类的生态巢穴——文明的诞生。乌斯贝克意识到人类的与众不同之处，即人类可以从生物学中找到立足点，在这个基础上实现各种超现实的、理想化的、具有象征意义的创造。乌斯贝克决定将这个特别的物种定义为精神动物，也就是指那些可以同时生活在现实世界与超现实世界、物质世界与精神世界中的动物。

　　乌斯贝克的下一步研究目标就是找出这些动物到底是如何出现的。

现有谱系图

虽然所有生物都生活在同一个现实世界，但每种生物都有自己的巢穴

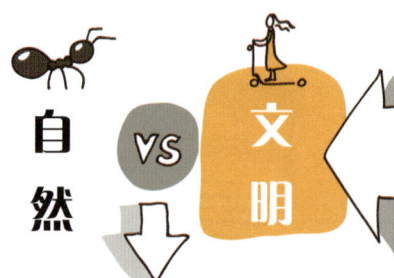

自然 VS 文明

在人体器官中，有一个器官负责产生智力，智力具有"魔力"，可以产生思维

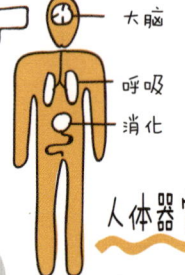

大脑

呼吸

消化

人体器官

人类生活的世界不是 大自然，而是

"文明"

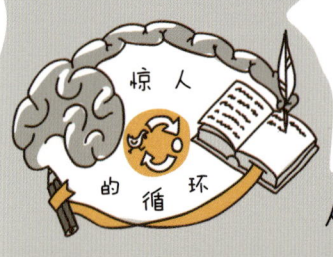

惊人的循环

智力创造文明，文明对智力进行再造

为了了解人类智力运作机制，我准备采用（谱系研究法）

逆向

工程学

谱系研究方法

追溯事物的起源

保存人类的记忆书面信息的地方

图书馆

200000 年前

文字从语言中诞生

公元前3200年

今天

平行发明

大爆炸区域

人类发明文字的目的是有限的，但文字的作用却越来越多

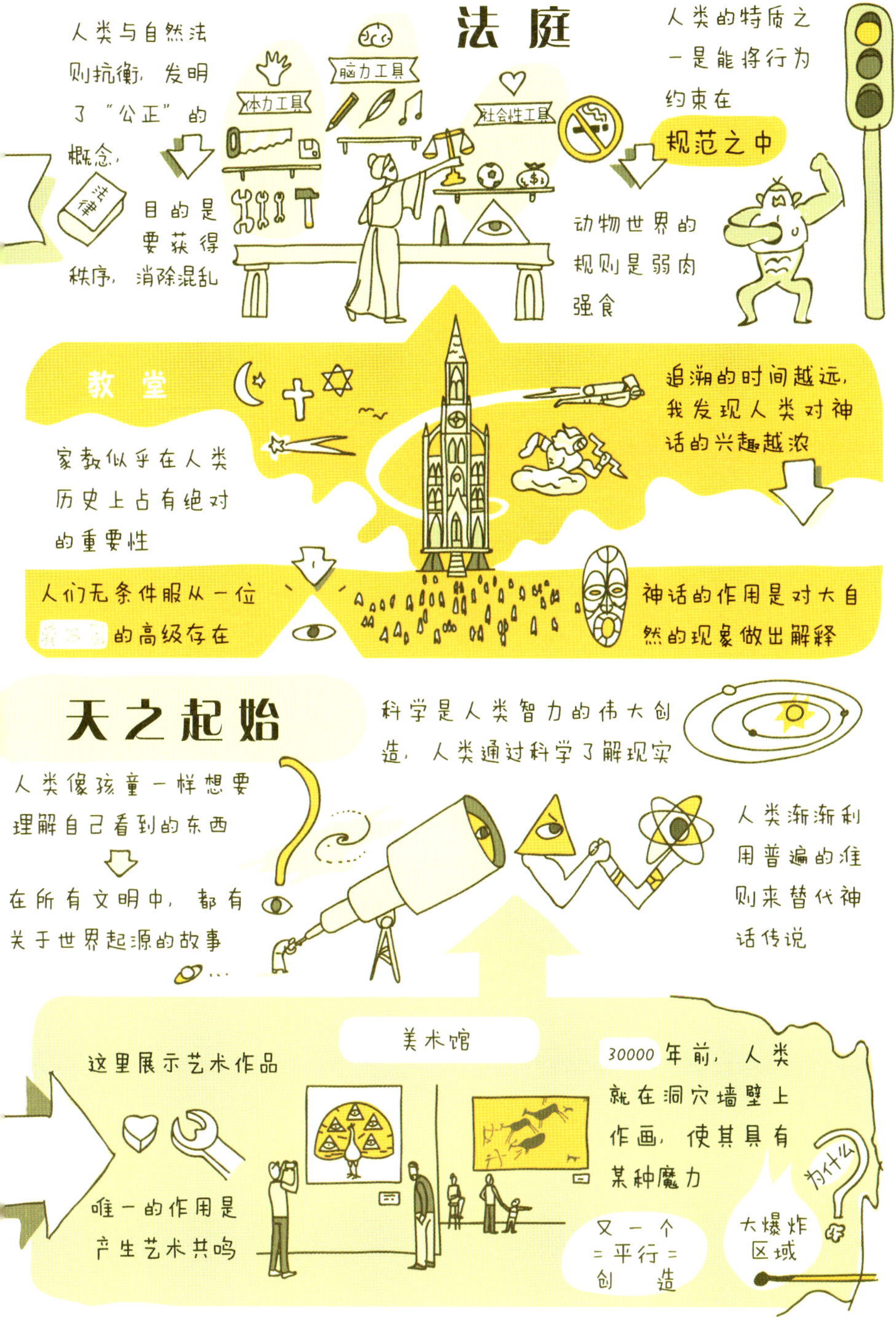

法 庭

人类与自然法则抗衡，发明了"公正"的概念。

目的是要获得秩序，消除混乱

本力工具

脑力工具

社会性工具

人类的特质之一是能将行为约束在

规范之中

动物世界的规则是弱肉强食

教 堂

家教似乎在人类历史上占有绝对的重要性

追溯的时间越远，我发现人类对神话的兴趣越浓

人们无条件服从一位□□□的高级存在

神话的作用是对大自然的现象做出解释

天之起始

人类像孩童一样想要理解自己看到的东西

在所有文明中，都有关于世界起源的故事…

科学是人类智力的伟大创造，人类通过科学了解现实

人类渐渐利用普遍的准则来替代神话传说

美术馆

这里展示艺术作品

唯一的作用是产生艺术共鸣

30000 年前，人类就在洞穴墙壁上作画，使其具有某种魔力

又一个＝平行＝创造

大爆炸区域

为什么

2

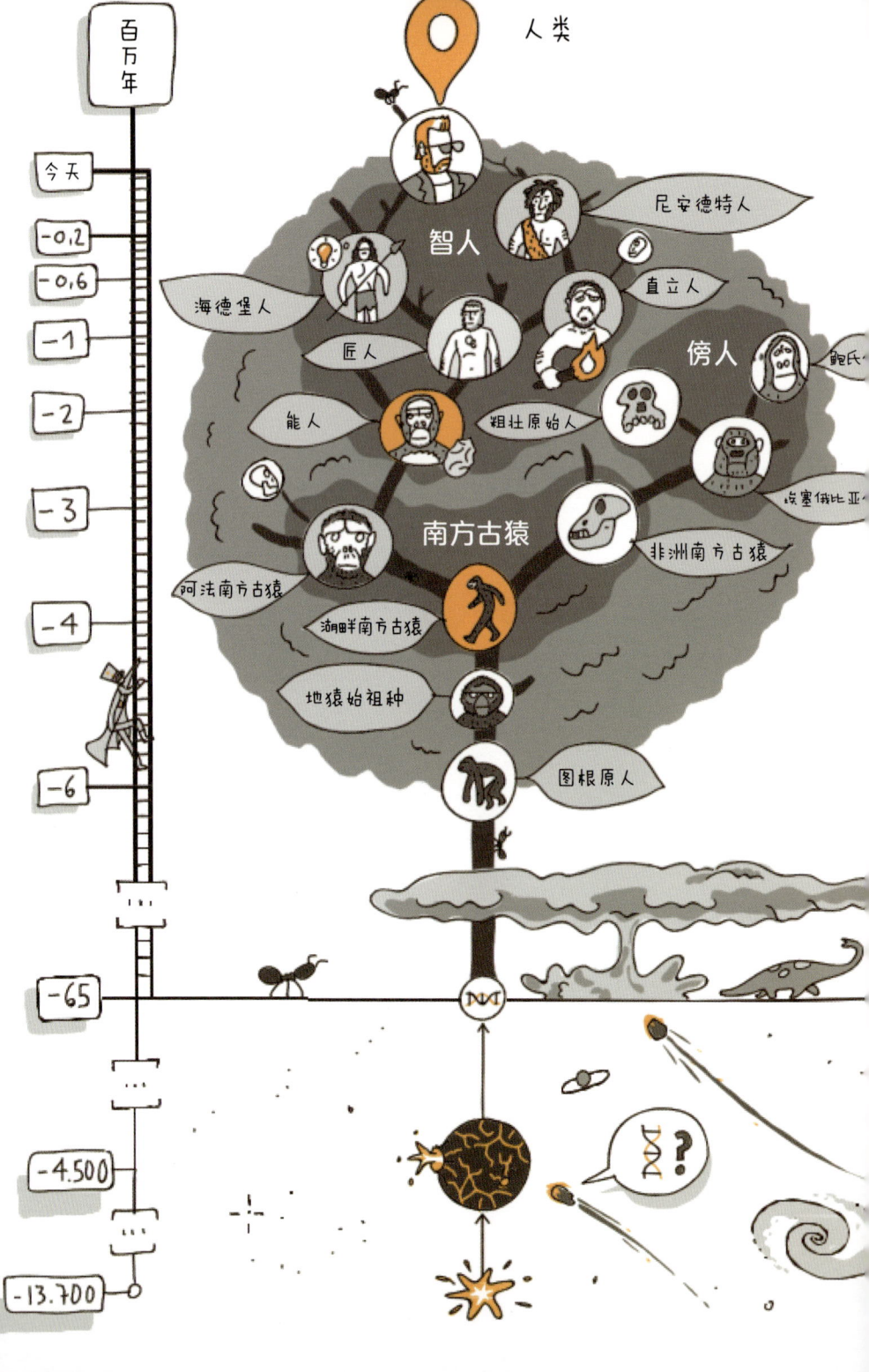

精神动物的出现

推文 10：

人类经过 300 万年进化才能在今天发送推文，别浪费这项技能

　　人类历史的开端并非精彩绝伦。600 万年以前，在非洲大地上出现了一支灵长类动物的分支，即人类的祖先。很显然，这是常规进化自然产生的结果。一个巨猿种群在繁殖方面和其他同种类的种群完全隔离开来，慢慢形成了一个新的种群，这个新群体不断进化并分化出新种群，最终出现了几种属于南方古猿的双足类人猿。随着时间的推进，其中一种类人猿出现了巨大的进化改变，以至于不能将其归类为南方古猿属，而必须将其重新归为一个全新的物种——智人，也就是现代人类的祖先。逻辑学家和生物学家创造出"属"和"种"这些概念，以便将所有生物进行分类归纳。这是一种"盒子"归纳体系，也就是说：在"纲"这个大盒子里，套着许多小盒子叫作"目"；在每个"目"盒子里，套着更小的盒子"科"；每个"科"盒子里，套着叫作"属"的盒子；而每个"属"盒子里，还有最小的盒子叫作"种"。在说到人类的时候，我们就引入了后面几个盒子的概念。

人类的出现并没有带来一丝耀眼的感觉，相反，人类的出现是一个漫长繁复、不断积累的过程。乌斯贝克发现，为了更好地了解人类，它不仅需要研究人类的发明创造，还需要研究人类的生物学，通过研究人类生理特征的演化史来进一步探究出现这些改变的原因。乌斯贝克将人类和其动物祖先进行了一番比较，发现了几个有趣的事实：人类婴儿出生时往往因为头围较大，让母亲在生产时受尽了苦头；女性即使不在生育期也有性感受的能力；与其他灵长类动物相比，人类的牙齿和胃都小得多，而且肠道也较短。上述一些因素是相关的。随着大脑的生长，头骨的尺寸必然也会越来越大，但是让母亲们感到痛苦的是，她们的盆腔并没有同步得到扩大。大脑是一个高能的消耗体，虽然只占到人体质量的 2%，但却要消耗人体 20% 的能量。我已经证实了乌斯贝克的结论是正确的。人类学家莱斯利·艾洛和彼得·惠勒已经证明，为了满足大脑的营养需求，人体必须减少其他部位的需求，再加上要严格维持稳定的人体代谢率，因此负责减少耗能的责任就落到了肠道的身上。

 随着脑容量的增加，肠道必然变短，而达到这个目的的唯一方法就是提高摄入食物的质量。（莱斯利·艾洛和彼得·惠勒，"昂贵组织"假说，《当代人类学》，36，1995 年，第 199~221 页）乌斯贝克的记忆为它提供了各种新奇的进化故事。

人类的婴儿需要长时间的照顾，这就造成了人类独有的行为。除了母亲会喂养孩子，其他人也会参与其中，比如奶奶和外婆。有些研究人员提出，孩童需要长期的照顾正是人

类女性经历围绝经期的原因之一，而其他灵长类动物并不会经历这一时期。

从共同分担照顾孩子的责任开始，我们的祖先就将群体发展成了社区。很可能年长的孩子也承担了照顾弟弟妹妹的工作。（奥古斯丁·富恩特斯，《一切与创造有关》，Ariel 出版社，巴塞罗那，2018 年，第 126 页）

通过追踪时间线，乌斯贝克能够针对人类的进化史提出一些自己的假设。在埃塞俄比亚戈纳河域发现的遗迹显示，在 250 万年前，一种类人猿学会了通过撞击石头的方式来制作尖锐的工具；140 万年前，人类学会了用火，可以想象那完全改变了人类的生活。到现在，对于黑暗的恐惧仍然存在于我们的基因里。火带来了光和热，以及保护。几乎在人类所有文明中都能看到古人对火的崇拜。现在的印度教徒仍然崇拜 AGNI 神，即火的象征。在天主教的复活节仪式中，火是被祝福的对象。火的用途非常古老，有证据表明，它被用于在沼泽地里捕杀大象。火还能用来做饭，这是非常重要的用途，因为用火处理的食物更容易消化。人类将切削工具和火结合起来使用，进一步改变了人类的基因。这个例子鲜活地展现了人类文明对身体构造的改造。

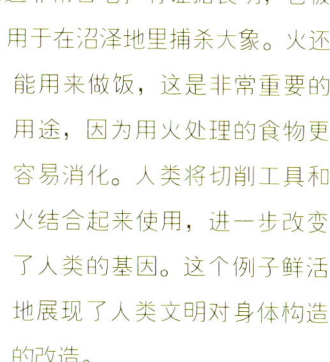

正因为如此，我们也不难

理解为什么古希腊人将人类文明的起源归结于普罗米修斯,因为他从众神那里将火偷走,带给人类。安达曼人是印度洋一个岛上的孤立部落,他们的神话中也有类似的故事。"鸽子人趁着上帝睡觉时在库洛彤米卡偷了一个火种,他把火种给了古老的莱赫,莱赫就在卡拉塔塔克米制造了更多的火种。"神话是人类祖先努力维持记忆的一种方式。从新西兰到希腊,很多文明在其神话起源中描绘了光的出现,通常和天地初开联系在一起。地质研究表明大约在 7 万年前,在托巴(苏门答腊岛)发生过一次剧烈的火山爆发,导致地球上大片地区陷入黑暗或半黑暗状态。

每当人类掌握一项新技术,都会飞快地传播开来,因为人类的另一个特点是善于模仿。模仿和联系是两个基础性而又功能强大的机制。很多动物也具有模仿能力,但是产生联系却是人类的专属特质。大猩猩能模仿人类的各种手势,但是却不理解其含义。换句话说,它们可以模仿人洗碗的动作,但是却不知道这个动作的目的是清洁碗筷。鹦鹉学舌也是同样的道理。

图解智力简史

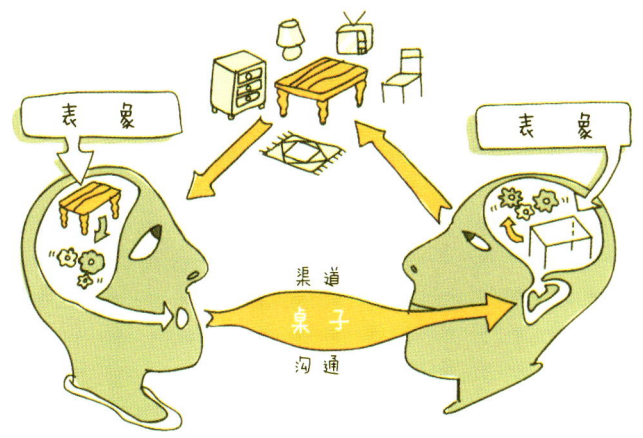

乌斯贝克知道人类认为自己和动物的区别在于象征性思维，也就是说人类可以想象尚未发生的事情，可以筹谋策划，可以产生交流，也可以进行理性思考。人类可以打磨石头、储存火种，也可以根据预判和计划的行动来生火。在学会使用石器之前，人类可先想象出使用石器的场景，然后再付诸行动将石块打造成有用的工具。我们的祖先能够想到在原始的石器上添加一个手柄使其变得更加高效，这无疑值得好好夸赞一番，因为这是人类进行预先思考的有力佐证。先思考，再行动。在对石头进行打造之前，人类已经在脑中对石头被打造后的样子形成了初步的概念，从而发现了这块石头被打造的可能性：可以将其改造为一种切削工具。然后，带着这样的构思，人类才着手进行打磨。

乌斯贝克非常兴奋，以至于把"可能性"这个词在它的调查笔记上写满整整一页纸。人类的智慧充满魔力，不仅在于它能够让人发现眼前的事物，更是因为它能使人发现已知事物中存在的各种可能性。

人类在石头上发现了切割的可能性，在之后的日子里，人类继而研究出更多可雕刻的形状、可建造的建筑、可供奉的神灵还有可发射的弹丸。大海曾是不可逾越的极限，直到人类探索出在海上航行的可能性。石头的质量使其坠落，但是同样也能让石头拱门屹立不倒。用以约束人类行为的法律，在提供保护的同时也给人类带来了自由。乌斯贝克发现只要能操控各种事物，理解事物的各种表现形式，就能找到其代表的意义和实用性来源。人类的大脑让它想到了烟火。当烟火被点燃时，一个看起来平淡无奇的盒子就会绽放成华丽的烟花，在黑暗中闪耀。智力让人类从最平凡的物品中发现了产生烟火的可能性。那是最伟大的烟火。我认为乌斯贝克此刻正在感受到一种非常能代表人类的情感：对创造力的欣喜，这种情感让人深深沉醉在各种可能性之中。

 **物质现实有其铁律不可改变，但是表象现实却允许人类大脑恣意发挥自己的作用。**

乌斯贝克思考的速度太快，我不得不将它的想法好好梳理一下，主要为了避免造成混乱。它所说的"表象"到底是什么？其实是指人类利用智力捕捉到感知的信息，并将信息储存并加以处理的过程。信息以"神经信号"（小电压电流）的形式进入人类大脑，并通过尚未破解的理化程序储存其中。大脑中某种事物的表象可以是一个图像（例如我看到一张桌子，然后脑海中就保存了这张桌子的图像），可以是一个概念（例如我脑海中有了"桌子"这个概念，并可以运用这个概念），也可以是一个能够引用图像或概念的单词。桌子并非身体的一部分，但是在我大脑中却出现了那张桌子的表象。

图解智力简史

当我好奇那张桌子从另一边看过去是什么样子的时候，并不是真的要移动那张桌子，而是我脑海里的桌子形象在移动。这种脑力行为小孩子在四五岁时就会产生，并且思维过程和大人一样。

乌斯贝克的记忆库为他提供了一首诗歌作为参考：
我深深地知晓，
脑海中深刻的形象不是你，
而是我心中存在的
爱情的阴影。
——塞尔努达

　　一位出色的棋手在研究一盘棋局时，必须预判对手接下来的行动以及自己相对应的招数。棋手进行预判的超前程度决定了他的水平。人类不仅能将思考的内容形成表象，还能对表象内容进行更深一层的思考，也就是我们所说的"反思"。

　　尽管听起来很奇怪，但在生活中我们对周围事物产生表象，并且利用这些表象内容帮助我们更好地生活。例如，我们每个人的脑海中都有一张居所附近的地图，当我们想从一个地方走到另一个地方时，我们就会借助

脑中的这张地图，而这张地图现在可以被放入 GPS 中。乌斯贝克知道它的记忆也被整理成地图、信息树或者数据网络。也有可能被整理成诗歌网络、比喻网络和放大网络，这让乌斯贝克产生了极大的兴趣。我不禁想到，乌斯贝克最终可能会提出一些令人感到绝望又难以启齿的问题。

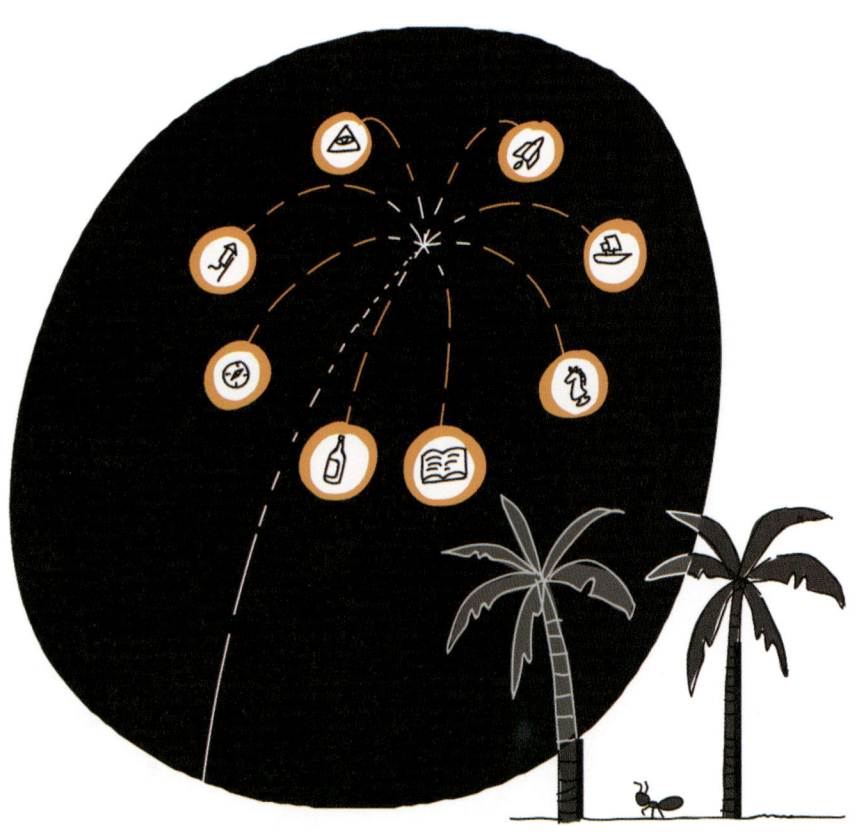

图解智力简史

乌斯贝克了解在产生了思维表象（图像、概念、想法）之后人类大脑进行下一步工作的重要性。它认为，人类可以将表象和词语联系在一起。它想到两个人在花园散步的场景，其中一个人指着一些色彩鲜艳的花朵问同伴："这是什么花？"另一人回答："是马鞭草。"从那时开始，"马鞭草"这个词就和那些鲜花的形象结合在一起，之后那个提问者每当想起那些花儿时，就能在他的记忆中回想起这个词，并且可以把这个内容转达给其他人。他可以去买马鞭草种子，也可以阅读与种植马鞭草相关的内容。此外，他还能了解到这种植物是属于马鞭草科、马鞭草属、马鞭草 X 杂交种的植物。这个提问者只是在花园中看了一眼，就可以将其植物属性弄得清清楚楚。他可以在百科全书中查询植物的名称，或者在网络搜索引擎里找到答案。人类的大脑可以自动执行如此复杂的操作，实在令人惊讶。我们可以毫不夸张地说，人类生活在由真实事物、脑中的表象事物和语言构筑起来的三重世界中。因此，人类中最擅长思考的一类人，也就是人类的哲学家们，常常因为面对多层次的复杂表达而感到困惑不已，无法将其清楚地区分开来，也就变得不难理解了。基督教的神学家们将天使的等级划分为：炽天使、智天使、座天使、主天使、力天使、能天使、权天使、大天使和天使，并且对这些天使的存在给出了解释。这些天使到底是存在于语言中，还是想象中的表象，抑或某种现实存在的表象？可以确定的是，每当人类发明一个新的词汇，自然会赋予大脑去思考一些非真实事物的可能性，数学如此，天使学亦如此。

笔记本：乌斯贝克在附件中写下了以下问题：为什么人类在已知天使并不存在的情况下仍然对这个内容充满好奇？

语言就是这样复杂，以至于从智人开始，人类经历 200 万年的时间才发明了语言，而且仅仅在 20 万年前，语言才经过极其缓慢的发展进入一个相对成熟的阶段。语言的出现缩短了人类与现实之间的距离，这引起了乌斯贝克极大的兴趣。当我读一本小说时，就感觉自己身处一个虚构的世界，完全由语言带领我畅游其中。在乌斯贝克看来，人类乐于沉浸在虚构的世界中。它的记忆总是保持机敏的状态，为它找到了一首诗作为参考：

USB：去吧，去吧，去吧，
鸟儿说：人类忍受不了太多的现实。
——T.S. 艾略特

事实上，人和现实的关系后来变得越来越松散。动物对刺激有反应，可以说动物的行为和接收的刺激紧密相连，而人类却与刺激保持距离。乌斯贝克无穷无尽的记忆不断向他输送一句话：人是保持距离的动物。（尼采）

乌斯贝克正在经历人类进化的一个间断过程。它见证了人类脱离兽性的过程，并且最终进入了诗歌中所构建的变形的世界。它反复想到之前已经提过的问题："到底是人类创造了诗歌，还是诗歌创造了人类？"人类对真实的刺激有所反应，但是也通过语言对想象的或思考的内容作出反应。乌斯贝克在它的调查笔记中写道：

 象征性思维允许人类发明新符号去代表已经存在的符号，从而可以基于现实构建多重世界，并可以无限扩张。人类生活在一个思维表象可以无限扩张的状态中。

有真正的森林，就有象征性的森林。我们可能迷失在树木之间，也可能迷失在语言之间，语言操纵者们深谙此道。语言是一种"思维表象"的"语言表象"，也就是说，它是第二层符号，是针对第一层表象创造的符号。通过这些表象，将现实世界扩张成两倍甚至三倍。神经学家巴甫洛夫发现狗可以将食物与铃声联系起来，在听到铃声后开始流口水，他同时发现语言有相似的作用，语言与图像一样可以触发相同的反应。巴甫洛夫将其称为"第二信号系统"。这个系统解释了词语是如何让人类产生情感的。恐怖故事、爱情故事、残暴故事或者复仇故事只不过是一连串的文字而已，但是当人类大脑重建这些文字描绘的场景时，就能确实感觉到害怕、感到爱意或者产生对复仇的渴望。威胁使人害怕，赞美让人愉悦，而侮辱则激起愤怒。语言凭借强大的能力极大地扩张了人类的现实世界。乌斯贝克发现最古老的人类认为语言拥有神奇的力量。它的记忆库为它提供了一连串的参考：

—对于许多民族来说，名字是事物的一部分。

—因纽特人到了老年时期会拥有一个新名字。

—凯瑞特人认为一个人的名字是其灵魂的代名词。

—新南威尔士州的尤诺斯人在孩子举行成人礼时父亲才会向众人公布孩子的名字，在那之前知晓孩子名字的人寥寥无几。

—圣经《创世纪》一章中记录亚当为万物命名，以此彰显其统治地位。

—在圣经《天启》一章中，上帝给每位正义之士一块白色的宝石，上面刻着他们真正的命名。

—马里多贡人认为语言是神的精子的一部分。

我们几乎都是通过词语来思考，但是同一个词可以表达多种意思。"Verbena"这个词除了"马鞭草"这个意思，还可以表示"民间庆祝活动"。乌斯贝克的记忆又为它提供了一首加西亚·洛尔卡的诗：

马鞭草的叶子之下，

我和坏情人在一起。

上帝啊！多么可惜！

词语的这种灵活性会产生误解，也会产生幽默，创作文字游戏，不仅可以扩大语言和图像与想法产生关联的可能性，也可以让人说出涵盖两个矛盾概念的词语，比如"圆方形"

或者"木头铁"这种词。语言创造系统的工具越来越多，随后还扩展到其他语言体系，比如数学语言、音乐语言或数字语言。也因此出现了很多奇怪的现象。当我们看到飞机在空中飞行时，我们会说那是飞机引擎在起作用，但是我们也可以说是伯努利方程在起作用，该方程式表示当空气掠过机翼上方的速度大于机翼下方的速度时，就会推动飞机上升。如果人类不了解这个原理，就不可能建造出飞机。还有一个令人惊讶的例子。用自然语言来说，"无限"是指无止境的东西，包含了一切，因此只应该有一个无限状态。但是，数学概念中并不是这样。数学家乔治·康托尔证明数学中存在各种无限（无穷大），有些比另一些更大。举

图解智力简史

个例子：

奇数数量是无限的，偶数也是。因此自然数（包含奇数和偶数）就应该更多。人类的世界就好像豪华精美的巴洛克建筑，各种饰品和雕刻层层叠叠地覆盖了最基本的建筑本体。

在理解任何一种语言时，听者必须进行一次逆向操作。在听到一个词语之后，他必须在记忆中找到与之相对应的表象，然后通过表象找到它所表示的真正意义。比如，有个人在家具店里看到了一张非常喜欢的橙色桌子，然后对卖家说："我想买那张橙色桌子。"此时卖家理解了他所表达的意思并且在脑海中找到了"橙色桌子"的形象，之后再去仓库寻找对应的物品。

乌斯贝克来自一个拥有先进信息技术的文明，因此它非常了解人类大脑里到底发生了什么。桌子在大脑中的"表象"是一种从视网膜传输到大脑枕叶的神经形态。我们可以将一件事物的"表象"称为"符号"或者"标志"。电脑以极高的效率处理各类信号，这就是所谓的"计算化"。当电脑在地图上寻找某一位置时，它就在计算电子信号。电脑并不知道自己在做什么，只是在执行命令。乌斯贝克认为人的大脑执行与电脑有着类似的操作，但是复杂性更高。

人类研究人员认为，人类大脑处理表象、引发思考的能力，是人类区别于其动物祖先的根本所在。这种说法正确吗？乌斯贝克已经找到了人类智力发展大爆炸区域了吗？为了保险起见，乌斯贝克决定进行一番证实。如果思考是人类的专属特征，那么动物就肯定不会思考。乌斯贝克作为一个非常严谨并且了解人类虚荣心的思考者，自问道："我如何知道这个说法究竟是正确的，还是仅是人类自己的假设？"

为了回答这个问题，乌斯贝克重新做起观察员的工作。动物的大脑可以让其完成非常复杂的行为。蜜蜂可以建造出呈几何状完美的蜂巢，可以进行探索并相互传达各自的发现。候鸟飞行数千千米而不会迷路，它们能比 GPS 更加精确地找到上一季离开时的巢穴。黑猩猩会使用树枝去诱捕蚂蚁，或用石头砸开坚果。黑长尾猴能够发出三种声音（也许是词语？）来警告不同的危险。布达佩斯罗兰大学研究学者阿提拉·安迪斯团队的研究

推文 14：

人类思考者和动物
思考者有所不同

图解智力简史

结果表明，狗最多可理解 1000 个单词。乌斯贝克记起德国研究员沃尔夫冈·科勒在加纳利群岛上为研究猴子的智力所做的实验。他将食物放到猴子拿不到的地方，但是留下了一些复杂的工具，如果猴子懂得使用借助这些工具就能够拿到食物。这些工具包括可以堆叠的抽屉，或者可以打结组装的藤条。经过一段时间的观察，猴子有时好像得到了"启示"，然后把问题解决了，它们把抽屉堆叠放起来增加高度或者将藤条连接在一起增加长度。猴子的大脑已经理解了这些工具和食物的关系。

　　"动物似乎可以思考"，乌斯贝克自言自语道。它仔细观察了老鹰捕猎的过程。在岩石上，老鹰发现了远处的一只兔子，它开始飞行，追赶兔子，并在准确的时刻以精确的速度抓住了兔子。人类常说，这是一种本能行为，并且对这种解释表示满意。乌斯贝克则想得更远一些，它提出这样一个问题："如何才能做出一个可以飞的机器人，让它也能执行与老鹰捕猎类似的动作呢？"然后它画了一张带有说明的图纸，如下图所示：

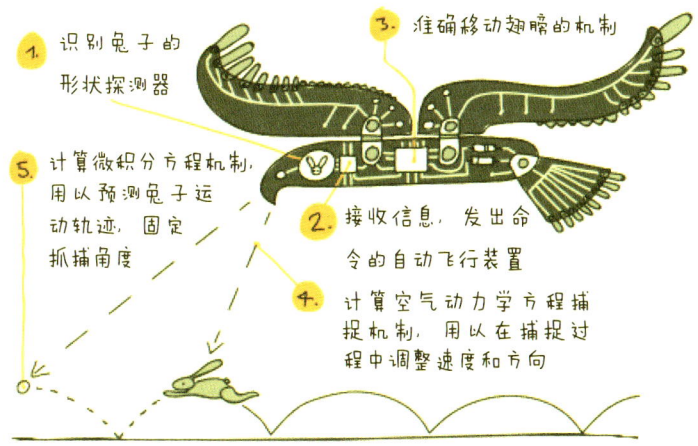

1. 识别兔子的形状探测器

3. 准确移动翅膀的机制

5. 计算微积分方程机制，用以预测兔子运动轨迹，固定抓捕角度

2. 接收信息，发出命令的自动飞行装置

4. 计算空气动力学方程捕捉机制，用以在捕捉过程中调整速度和方向

乌斯贝克写道："如果思考是指产生一系列信息，从而达到某种目的，那么老鹰的大脑就可以思考。"

因此，老鹰用自己的方式拥有了象征性思维，乌斯贝克也证实了这不是它要寻找的大爆炸。人类智力和动物智力应该有着更深层次的区别。它的探究工作必须继续下去。曾经探寻尼罗河源头的探险者们也经历了相同的过程。当那些人认为已经找到了尼罗河的源头时，才发现仍然得沿着河流往上游前进。乌斯贝克突然想到了一个暂时性的定义：

"精神动物，也就是人类，是会说话的动物。当人类说话时，就摆脱了现实，甚至摆脱了图像，然后运用非常抽象的概念去传播知识、创造另外的世界、欺骗别人、下达命令、引诱敌人、调动激情。他们摆脱了刺激的统治。"

但是乌斯贝克并不知道它已经进入了一个迷宫，并且必须非常努力才能从这个迷宫中走出来。它的探索之旅才刚刚开始。

我将复制一段弗朗西斯科·温布莱的文字，这段文字将乌斯贝克大为惊讶的一种现象表达得非常到位，那就是：人类设置了非常多的媒介，其目的是将自己和现实世界联系起来。

 黄昏时分，我沿着海边漫步，望着海上落日，眼前这个场景永远是文学和绘画作品的宠儿，因为比起亲眼看到这个自然景观，更多人是通过一部小说或一幅绘画来认识的。也因此，作者们总是在向我们传达一种艺术的意境。大海和黄昏已经变成了书中的陈词滥调，爱上这两样事物也成了一件让人羞愧的事情。文化是第二个自然，现在却排到了真正的自然的前面。人类写了无数的文章和诗歌来唤起对大海的记忆，而现在，面对大海，我们唯一能想起的却只有书而已。

　　乌斯贝克在它的记忆库中搜索到一个奇怪的事实：千百年来，人类都认为智力最主要的功能是"认知"，最高境界是进行"理性思考"，而"理性思考"的最高成就是产生了科学。智力的世界里并不包含情感、欲望、感知和激情。在希腊语中，有关情感的经历被称为"pathos"，这个词在西班牙语里就是"patologia（病理学）"。从词源学来讲，这个单词应该意为"情感科学"，但是实际上这个词的意思却是"疾病科学"。这就是人类曾经认为的情感世界。但是乌斯贝克通过之前的研究，确信人类关于情感的研究是不正确的。智力的主要功能是指导行为，而这首先要考虑欲望和情感的存在，因为这些因素都是产生行为的直接动力。乌斯贝克认为以前的人类并没有理解这个概念，因此一直坚持认为智力的主要功能只是认知。

推文 15：
我们是永不满足的
欲望机器

图解智力简史

　　随着对人类了解的深入，乌斯贝克的眼前展开了更加丰富的景象，但同时也让它觉得更加不安。理性是为了需求和欲望服务的，但同时又能让需求和欲望陷入混乱当中。理性仿佛引入了一股强大的电流，让人变得更加无法满足。文明可以逐渐满足人类不断增长的欲望，但同时也能让欲望加剧。如果没有欲望的大爆发，那么人类文明的复杂进化历程和各种层出不穷的发明创造也就不会存在。全世界共有7000种语言和12000种司法体系。距今2000年前，巴比伦的学者们记录了他们神灵的名单，一共有2000多个名字。日本神道教认可的神灵多达80万名，而印度教的神灵则有3300万名。核武库储存了17000枚原子弹，足以摧毁地球10次有余。最早出现的人类每天需消耗3000卡（约12.54千焦）的热量，而现如今一个美国人每日消耗的热量高达30万卡（约1260千焦）（当然，这里指的是所有类型的热量，不仅仅是指食物热量）。

乌斯贝克感到惊讶的是，人类心理学家投入非常多的精力去研究思想的发展历程，但却对情感体验的发展研究甚少，而后者才是人类行为的驱动力，是指导行为的重要环节。人类所有有意识去完成的行为都是为了满足需求或者获得奖励。这两个目的可以统一为一种情感——欲望。我想吃饭因为我饿了（饿是需求），我想去听音乐会因为我需要享受（对于奖励的期望），我买了一瓶啤酒因为我渴了（渴是需求），也因为我喜欢这个啤酒的品牌（奖励）。行为习惯甚至会演变成一种欲望：我想抽烟因为这是我的习惯。但是人类的欲望常常很难被理解，因为很多情况下不知道人类出于什么原因会将并不必需的东西当成一种奖励。4万年前，人类发明了长笛，这意味着人类已经将欣赏音乐当成一种奖励，但是我们并不知道笛子到底是怎样发明出来的。乌斯贝克认为只有了解了人类为什么会认可一件事物的价值并渴望这件事物，那才是真正地理解了人类。

 "人类的本质就是欲望"，乌斯贝克在笔记本上写道，"如果我们理解了他们的欲望，那就理解了人类的本质。"

对于"为什么我喜欢愉悦感？"这个问题，只有一个闭环的答案。乌斯贝克记起，中世纪的神学家认为人类自然产生的欲望是上帝灌输的，因此人类必然产生满足感。他们认为人的心中对了解上帝有一种自然的渴望，这是不会令人感到失望的。康德对幸福也有相同的看法。他认为幸福是一种不会令人失望的期望，他非常坚定地维护这个观点，他认为人类如果在这一世未感到幸福，一定能够在来生体会到幸福。

欲望、情感、感官和激情是行为的动力，通过这些信息可以了解人体状态及其周遭环境的关系。一切行为的产生都或多或少与某些情感现象直接相关：欲望、兴趣、爱意、恐惧、仇恨、愤怒、羞愧、责任感……乌斯贝克发现产生一个行为的原因可以有很多种，但如果对于所有原因打破砂锅问到底，那么最终一定会回到同一个答案上。是哪一个答案呢？乌斯贝克在得出结论之前再次验证了一回。为什么你要早起？为了上班。为什么要上班？为了挣钱。为什么要挣钱？为了生活。为什么要生活？为了把我的孩子们养大。为什么你想把孩子们养大？几个问题之后，一定会得到这个答案：为了幸福。"幸福"的概念并没有指定具体的内容，相对应的，人类行为的最终答案也没有固定内容。这种隐含的信念告诉我们不需要问得太深太远。幸福这个词本身就一直在寻找自身的意义。它要求我们无需再为其他事情奔波，只要专注于寻找幸福本身。它是最终需要到达的港口。愉悦感也是如此，这也是为什么许多人认可它的原因，同时也需要较高的心智来鉴别什

么是愉悦感。简而言之，作为乌斯贝克剖析对象的精神动物，人类的任何行为都出于一种有力和模糊的理由：为了幸福。这是一个遥远的目标，暂时出现在人类所拥有的每个欲望中，而佛教徒却认为想要获得幸福，首先应该摒弃欲望。乌斯贝克发现，对于巧克力上瘾者来说，忍住不吃巧克力的最大困难在于，对于这个人来说，巧克力是幸福的唯一代表，不吃巧克力就意味着放弃了幸福。

乌斯贝克回到了这段历史的起点。它重新面对人类文明的伟大世界，在笔记本上写道：

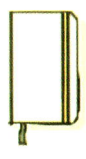

文明就是人类希望幸福而所做的一切事物的总和，也就是说，为了避免痛苦、增加愉悦、享受社会关系、和平解决冲突、开展娱乐活动和创造性活动。人类以或明智或疯狂的方式做到了。

这为乌斯贝克提供了新的观点：人类的发展史就是人类追求幸福的历史，换句话说，就是人类需求和奖励的发展史，也就是人类欲望的发展史。在它的研究笔记上，乌斯贝克在"人类对于幸福的想象"和"具体实践"几个字下画了一道着重线。

2 精神动物 的出现

智人

中间发生了什么

-6 000 000 ⧗ -1 000 000

为了更好地了解人类，就必须研究其生理系统

较大的脑

较小的消化系统

大头

自人类在 20 万年前发明了语言开始，就将 "表象" 与单词结合在一起，创造出 "幽默" 这样的现象，也造成了误解和 "无穷大" 这样的概念

∞ ∞ ∞ ∞
S M L XL

于是，人类能够想象并开始使用各种物品，进行各种大型创造，并且寻找更多可能

人类用感官在现实世界中进行
— 捕捉 —
凭借象征性思维
创造出
各种表象

生物

大脑的生长需要消化系统提供能量

人类的各种发明使其更好地消化了食物，然后渗进了人类的基因当中

这种现象的出现要归功于象征性思维，因为它将计划变成了更具体的东西

人类社会生活在一个三重世界

现实世界
表象世界
语言世界

SÍMBOLO

人类和其他动物的本质区别在于象征性思维吗

老鹰遵循着一系列的信息来达到自己的目的，它能运用兔子的表象，因此象征性思维并不是这个问题的答案

人类发展史就是人类追寻欲望的历史

欲望和奖励是行动的驱动力 人类最终要寻找的是幸福

幸福

通过情感 人类的智力对行为做出指示

机器里的幽灵

推文 17:

我们的潜意识是一台不知疲倦的织布机

欲望是一种意识体验。但是乌斯贝克想要探索得更远一些。这种体验是从何而来的呢？

乌斯贝克的记忆库给它提供了以下一些例子：

——口渴是想要喝水的欲望。人类血液中的钠含量保持着一定比率。当钠含量升高时，人脑中的探测器就会开始启动。这一理化过程就会转化为"口渴"的意识，促使人产生想要喝水的感觉。

——催产素会引起压痛感。

——酒精会在人脑中产生化学反应，使人产生愉悦、释放、舒适或者晕眩的感觉。

乌斯贝克得出结论：意识可以让人认识到在其体内及其身边环境中发生的事情。当人睁开双眼，他可以看到眼前的一切：正在阅读的书籍、面前的书桌、窗户以及窗外的风景。幸运的是，人只需要睁开眼睛就能看到这一切，并不需要了解这个过程中神经系统是如何进行这一系列操作的。可见光的电磁波打在一个物体上，一部分被物体吸收，另一部分则被反射过来，刺激人类的视网膜。这一化学过程就是把电磁波转变为对神经的一种刺激，即转变成一小束微电压电流。神经生理学家对这种过程也表示惊叹不已。下面我将一本书中关于视觉生理学的一段内容抄写如下：

当光射进视网膜时，光子与称为 11- 顺式视黄醛的分子相互作用，该分子在几皮秒内会重新配置为跨视网膜。视网膜分子形状的改变会引起与视网膜紧密结合的视紫红质蛋白的形状改变。蛋白质的变形会改变其行为。这种蛋白质现在称为 metadorropsin 11，它与另一种称为转导蛋白的蛋白质相结合，等等。

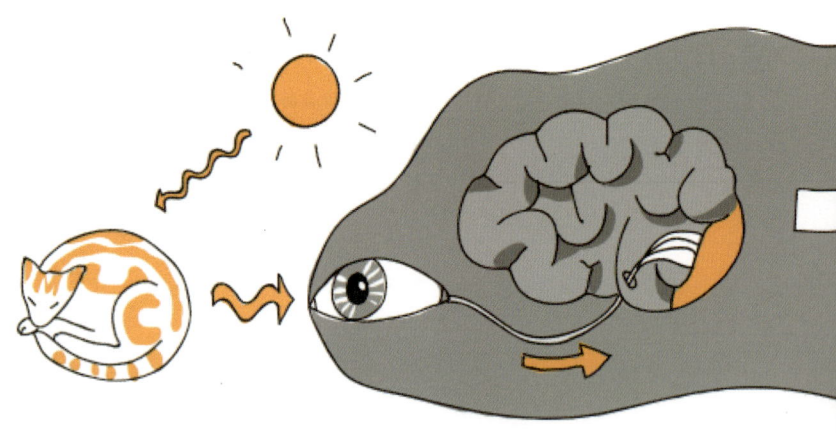

　　所有这些复杂的反应大约会触发一亿个终端，这些终端对不同的刺激做出不同的反应。视神经接受来自大脑各个区域的信息，然后将信息拼凑完整。此后，完整的信息到达枕叶，最后，信息被重新组织并转化为有意识的视觉体验。电流信号被转化为感知信息，使它们获得了意义。对此转变过程感到困惑的人类科学家们认为这是一种突变现象。在旧条件下产生了一些根本性的新变化。从无机物到生物的过程也是如此，但是在产生视觉这个过程中，是物化作用转变成了意识。乌斯贝克认为，"突变"这个概念没有解释清楚任何事情，仅仅能表示神秘感、新鲜感，还有来自科学家的困惑。

从这种有意识的经历中，人类已经通过其智力进行了更加深入和全方位的思考。那是属于探索家的任务，其中包括科学家、地质学家、艺术家还有神学家。乌斯贝克跟随着这些探索家的脚步继续研究。经过多年的努力，科学家发现大脑的运作是人类产生意识的根源。他们惊讶地发现人类对其大脑处理的绝大多数信息并不了解。这与电脑有相似之处。

电脑用户能看到屏幕上出现的信息，但是对于电脑内部发生的电子处理过程一无所知。实际上，这是每个有机体都会发生的事情。所有人都有肝脏，需要赖以生存，但却不知道肝脏每时每刻到底在做什么。

乌斯贝克意识到，现代人类对其大脑在其不知情的状态下进行的所有活动知之甚少。专家计算出大脑每秒可以进行的活动次数可达 10^{14} 次方之多，这个数次就是 1 后面跟着 14 个 0，一个巨大的数字。但是在当人类谈到好创意的来源时，每每会提到"灵感"两字，丝毫没有考虑到那是大脑神奇活动的结果。也就是说，他们似乎认为是一种更高的力量在其耳边将好创意悄悄告知。乌斯贝克觉得人类对其智力的重要性并不了解，也因此没能用正确的方式好好利用自己的智力。为了弥补这种不足，乌斯贝克觉得在这个题目上将进一步进行深入研究。它的记忆库给它提供了一些令人惊讶的素材。大脑始终在消耗大量能量，因为无论人在休息还是在睡觉，大脑一直都在工作着，不分昼夜，无时无刻。大脑的创造能力在人的睡梦中完全体现出来，这引起了乌斯贝克极大的兴趣。人总是能梦到非常具有创造力的梦境。甚至有个说法，一位名叫奥古斯特·库库莱的化学家在梦中发现了苯环的结构。到底是谁创造了这些梦境？精神科医生研究幻觉，一些病人认为自己能听到向他们发号施令的声音。这些声音又是从哪儿来的？乌斯贝克能找到太多相似的例子。人类一直以来都认为能听到其身体内发出不属于自己的声音，他们可能需要很长时间才能意识到这些声音就来自其自身内部。在古代文学作品中，以《荷马史诗》为例，人世间发生的所有事情都可以追溯到众神身上。最极端的例子是心理学家欧内斯特·西尔格德研究的患有人格分裂的人。例如，一个27岁的男子乔纳因严重头痛前来就医，医生发现他的行为会出现根本性的变化，但这些变化并不是随机的。最后，医生得出结论，这些不同的行为来自其体内

三个相对稳定的人格结构，这三个人格建立在病人的大脑当中，就像电脑中的三个不同程序。乌斯贝克对于这一点很清楚，大脑的基础水平就是产生所有事情的发动机，大脑是梦境和幻觉产生的根源。大脑就是一个"思虑产生器"，而根据一些研究感知的心理学家的说法，大脑是一个"假设产生器"。一些神经学家认为大脑是一个"叙事产生器"，将发生在身上的事情转述给我们听。同时，大脑还是"白日梦"的创作者，在这种"白日梦"的情境中人类的想象力自发地进行创作，编造出故事。最后，大脑还是欲望和情感的产生器。因此，乌斯贝克决定将这种水平的智力称为"生成智力"。这种智力创造性强、无穷无尽，在想法上构筑新的想法，在图像上叠加新的图像，积极创造火花不断。生成智力决定了一切。每当我们醒来，就开始体验一股"意识流"，我们开始思考，开始感知，开始记忆；我们将前一天睡觉时暂时断开的意识"线"重新钩织起来。这股意识流的产生器就是"生成智力"，而现在我们也了解到，当我们睡觉时这股智力仍在积极不倦地工作着，即使我们并不能感知到其存在。似乎正是在我们睡觉的这段时间里，大脑负责修复我们的记忆。如果我们用神话的方式描述这种关系，那我们可以说：记忆是梦的女儿。

　　之前提到的那些大脑自动执行的过程是相当复杂的。乌斯贝克现在找到很多艺术领域的例子，例如科尔里奇在一首诗里提到他梦见了著名诗人库布拉·汗的作品；还有莫扎特的例子，他在一封信中写道曾经一次性看到了自己所有的作品。但是乌斯贝克对更有规律可循的事情兴趣更大，比如数学。高斯是历史上最伟大的数学天才，他在一封信中讲述了他在数论中发现的一个复杂定理，信中他写道："两天前我终于把这个定理弄明白了，但是整个过程并没有让我付出艰辛努力，而是靠上帝的恩典。灵感就像闪电一样一划而过，谜团就这样解决了。我自己也无法说清楚到底是什么将我已掌握的知识和这次的成功联系在了一起。"汉密尔顿对他发现四元数的过程是这样描述的："1843 年 10 月 16 日，我与夫人一

推文 18：
您知道是谁谱写了莫扎特的作品吗

图解智力简史

起在都柏林散步，在到达布劳姆大桥时，它们（四元数）就以完全成熟的状态出现了。那个方程式就好像火花一样突然跳进了我的内心。"

　　乌斯贝克似乎对人脑在不知不觉中做着奇妙的事情这种说法深信不疑。人脑可以在不了解数学的情况下证明数学定理，可以在混乱如麻的信息中找到有效模式，可以在不了解金钱是什么的情况下合理地授予信贷，也可以写出信息量丰富的文章，尽管作者自己对文章内容并不理解。通过计算机程序进行的医学诊断通常非常可靠。律师、工程师和经济学家的大部分重要工作可以由计算机完成。"谷歌翻译"这种计算机程序可以在不理解其翻译内容的情况下将一种语言翻译成另一种语言。这么多复杂的事情是如何做到的？我试图证实乌斯贝克提到的这些例子，因为我发现它们都很有趣，而我在证实的过程中发现了更多例子。伟大的英国数学家哈代撰写了杰出的印度数学家拉马努金的故事。拉马努金是一位数论方面的杰出专家，但是他自己也不知道是如何发现定理的，于是将成功归功于女神纳玛吉里。亨利·庞加莱则说，复杂的富克斯函数的解决方法是突然在自己脑中浮现出来的，当时他并没有在思考这个问题。庞加莱对这件事下了结论，认为虽然自己没有想要思考这些问题，但是他的大脑却在做这件事。他总结说，数学创造是无意识的。这件事情让庞加莱很感兴趣，之后他一直在思考这个问题。最后，他得出的结论是，潜意识被一种美学思维所驱使，从而创造了数学，但是这种美学思维并不是一直都能押中答案。身为人工智能之父之一的西摩·帕尔特在他的《头脑风暴》中讨论了这些例子。他写道："数学研究并没有沿着从一个真理到另一个真理，然后再到另一个真理的狭窄逻辑路径前进，而是大胆地通过沼泽，在充满命题的环境中摸索前行，有些命题并不简单，但也不一定全部都对，另一些命题也不简单，但也不一定全部都错。"

因此，乌斯贝克是正确的。人类的大脑是一台极其强大的、用于计算信息的生物机器。大脑的生物承载力——乌斯贝克将其与计算机及其硬件做比较——由安装在大脑内部的"程序"来决定，由软件所决定。毫无疑问，生成智能可以产生意识。乌斯贝克所在文明中的先进机器人技术无法做到这一点。目前尚未制造出能够产生意识的机器人。人类个体并不能感受到大脑神经活动，但是能接收信息、产生记忆和想法，接收图像，产生感觉，情感和冲动，等等。一部分感受令人愉悦，另一部分则不那么令人愉悦。克莱尔沃的主教圣伯纳德抱怨说，每当他和僧侣们诚心祷告时，几乎都无法避免令人不安的思想入侵大脑。他说："从哪里产生了那么多虚荣、有害、污秽的思想，用肮脏、傲慢、野心等不纯洁的思想折磨我们？以至于我们几乎无法保持崇高的思想，进行平静的呼吸。"乌斯贝克知道这个问题的答案：上述所有一切都来源于生成智力。

但是人类学到了一些东西。欲望驱使行为的产生，但是冲动的行为并不总是有用的。人类生活在社会中就需要知道如何控制自己，人与人之间的合作也要求人类知道如何控制自己。合作的产生对于人类进步来说是必不可少的一大飞跃，但是合作的产生需要生活中出现一股力量促使其形成。现在，凭借现代知识，人类知道不能相信生成智

图解智力简史

力提出的所有提议。如果人类不具备自我控制、监督和指导的体系，那么其爆炸式的创造力可能会带来很多问题。乌斯贝克心跳加速，它感觉自己已经进入了人类智力发展大爆炸区域，找到了人类巨大的变革能力所在。从有意识的经验中，人类可以通过某种方式控制或引导整个无意识机器。人类可以下达前进或停止的命令。人类智力是一种有意识的自我控制的动物智力，也就是说，通过表象、想法和计划进行自我控制。举例来说，人类大脑可以自主记起前一天做过的事情，或者记起阿根廷的首都在哪里，又或者记起传统节庆指的是什么。人体并不了解大脑的运作方式，只会给大脑下达一道命令，并且等待记忆作出反应。读者们可以自己试试看。您可以先暂停阅读，过一会儿试着在脑海里想出一个具有双重含义的词，也就是有两个大相径庭解释的词语。比如说，"猫(gato)"这个词，可以指一种动物也可以指一种工具。您会感觉到自己正在脑中寻找着什么，甚至可能您的眼睛也会跟着转动。最可能出现的情况是在您的意识中已经浮现了一些例子。这代表着您的记忆已经完成了交代的指令。"banco"，可以指凳子，也可以指银行；"cardenal"，可以指血肿，也可以指教会等级，类似的例子还有很多。导向能力很容易描述，也很难解释。乌斯贝克在它的笔记上记录到：

"人类智力的独特之处在于，它可以定向、引导和控制生成智能的活动。自我控制的能力使人类成为人类。"

生成动力　　　　　　　　　　　　执行动力

那是一种全新的能力，是一种终极能力，是引起进化过程中巨变的能力。这种能力使人类脱离与自然力量的联系，对大脑的创造力加以约束。动物的大脑同时被内部刺激和外部刺激所驱使，从而产生行动。乌斯贝克记起老鹰的例子，它被其内部的饥饿感和外部的兔子形象所驱使，产生了猎捕的想法并付诸行动。人类也会感到饥饿，但是可以因为其他的原因选择不吃东西，比如因为减肥而节食，或者因为宗教因素需要斋戒。乌斯贝克又想起海豚的例子，这种动物接受训练，听从驯兽师的指令，学会了服从。孩子也是非常容易被教导的对象，他们听从家长或老师的命令，甚至对延时的指示也会遵从，比如家长说："门铃要是响了，记得来通知我。"乌斯贝克发现，大约在孩童五岁时，他们就能给自己下达指令，也就是说，孩子们能够自觉遵守从外部学到的日常规范，并且在今后的生活里他们都可以做到。孩子们把外部的行为转化为自身的内部行为。举个例子，孩子们学会一些需要搜索记忆才能回答的问题，例如，父母

推文 19：

您在发号施令的时候到底是谁在发号施令？您在做决定的时候又是谁在做决定

通常会问："你今天在学校学到些什么？"孩子回答："学了加法"；又类似"你把皮球放在哪里了？""放在楼梯上"；"你最好的朋友叫什么名字？""叫卡洛斯。"随着年龄的增长，孩子开始对自己提出这些问题，然后动用自己的记忆回答这些问题。这种行为也会伴随人的一生。人类的大脑在这个社会性教育阶段学会了对自己发出指令，而语言则是一种自我控制的强大工具。

这就是人脑中"超级应用程序"的组织方式，这是一个"执行程序"，负责四件事：一是给生成智力确定目标；二是评估生成智力提出的建议；三是采取行动，锁定回应方案或者寻求替换方案；四是监测整个行动过程。尽管整个执行程序非常重要，但它运作顺利与否仍然取决于生成智力，就好比飞行员对于一架飞机的飞行来说非常重要，但是最首要的还是看飞机的引擎是否能正常运转。再举一个与人类社会更相关的例子：一位统治者只有在被臣民接受的情况下才能行使其管理权。执行智力的功能与海关职能类似。所有的事情从意识产生，付诸行动，然后海关负责检查他们的通关文件，如果合格就放行，不合格就拒绝通关。乔纳森·海特使用了一个直观的比喻来形容这件事：执行智力就像是一位大象骑手，而生成智力就是这头大象。如果没有大象的配合，骑手是不可能驾驭这个庞然大物的。那正是教育所面临的独特又复杂的任务。

乌斯贝克的记忆库为它提供了多种信息。

双重智力的理论，即智力分为生成智力和执行智力并出现在很多领域：

——神经病学。大脑前额叶负责执行功能，也就是说，负责计划、控制和监测其他脑部功能，除了那些依赖自主神经系统的功能。但是在某些情况下这些功能也能包含在内（比如在练习瑜伽后）。

——信息学。计算机的基本结构包含一个高级别的执行程序，该程序决定要激活那些生成性程序。

——在国际象棋游戏程序中，有一个生成程序负责计算可能的步骤（每秒计算 2 亿次），然后另一程序负责作出评估哪一步是最佳选择。

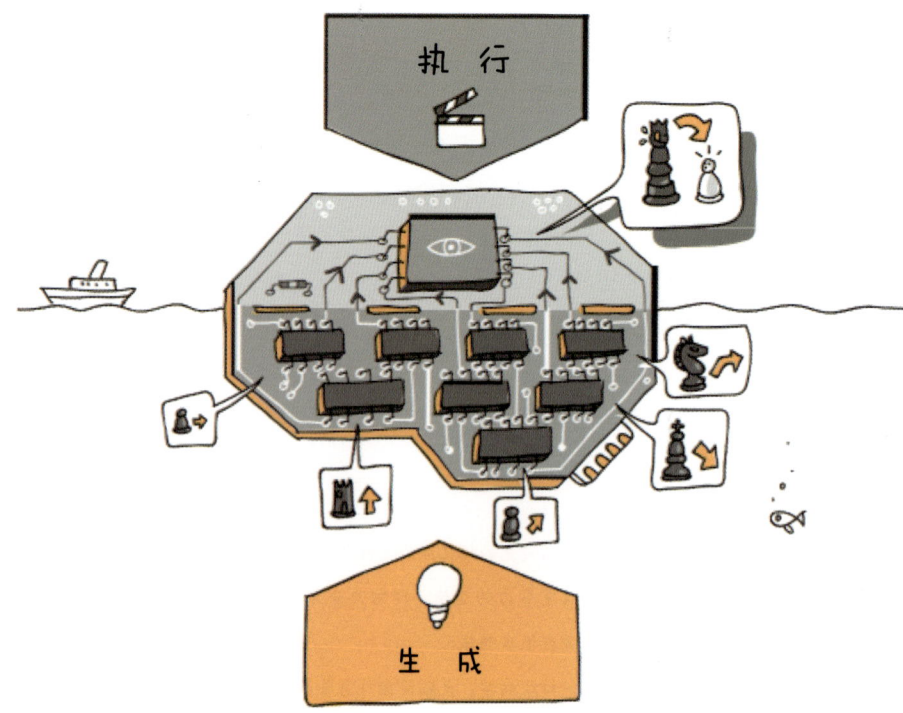

图解智力简史

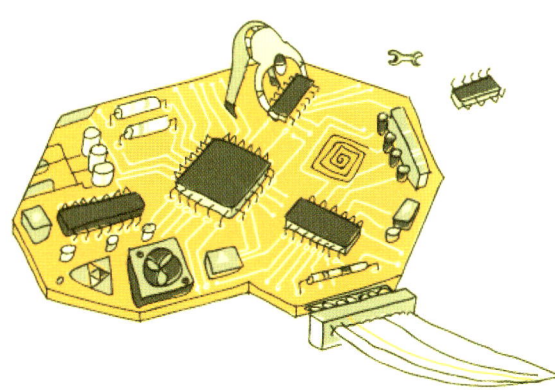

执行智力将生成智力的操作进行一系列转化和引导，从而朝着一个目标前进。所有高级动物在出生时都会带有"自动警惕"系统，帮助它们关注潜在的危险。人类则可以将注意力放在任何对象身上。动物具有记忆力并进行自发学习。人类则可以决定自己想要学习的内容，然后主动运用自己的记忆去达成学习目标。所有的脑力活动在执行一个命令时都会被转化，甚至连最简单的视觉感知也是如此。原本好像只是简单地睁开眼睛并接受信息，但是，如果我们同时陪画家、植物学家、攀岩者和建筑师一起去山上散步，我们就能发现，即使这四位眼前看到了同样的事物，他们脑中接收到的信息却完全不一样。画家看到的线条和色彩；植物学家看到的树木和花草；攀岩者看到的是适合攀登的支点和落脚点；而建筑师则会思考在那样的环境中能建造出怎样的令人叹为观止的建筑。每个人的目标决定了自己如何对信息进行解读。

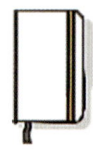

乌斯贝克的结论如下：人类具有双重智力：生成智力和执行智力。这是人类辨别事物的能力，也是产生一切创造力和自由行为的根源。这就是人类智力大爆炸发展的根源，是真正的起点。

图解智力简史

推文 21：

如果您想真正了解
自己，那就去看一
下精神科医生

乌斯贝克想到，如果想要证实自己关于人类双重智
力的构想是否正确，那么应该去探访一下精神病医院。
之前为了了解与人类有关的事情，它已经去过博物馆、
图书馆、教堂、研究机构还有法庭。现在乌斯贝克对了
解智力的病理学产生了兴趣。精神错乱也是人类的特质
之一。乌斯贝克发现很多精神类疾病是由生成智力运行
错误或者执行智力执行不到位引起的。例如，强迫症的
症状包括无法停止对某件事的思考，或者无法停止一种
行为。也就是说，这种精神疾病阻碍了执行智力的控制，
让病患完全成为生成智力的控制对象。

乌斯贝克的记忆库给它提供了一个令人震惊的案
例。一位对灰尘感到非常恐惧的妇女用 60 升香水
擦洗了自己家的屋顶，她一直待在楼梯的顶端不肯
下来。这位妇女无辜又痛苦地说道："我有一个好
丈夫，可爱的孩子，健康的身体，令人羡慕的财富，
但是灰尘毁了一切！我害怕灰尘！"

即使是非常聪明的人也无法避免这种精神障碍。一个著名的例子是爱迪生的竞争对手、天才的物理学家尼古拉·特斯拉。特斯拉痴迷于3的倍数，他每天要用18条毛巾，要绕着自己的街区走3遍，并且选择居住在207号房间，就因为207是3的倍数。

幻觉也是两种智力之间出现了功能障碍而导致的，原因是生成智力产生的声音或图像被执行智力错误地判断为来自外部。精神科医生表示，这种情况是对真实性的判断出现了错误导致的。成瘾这种精神疾病发病原因也可以用乌斯贝克提出的双重智力结构来解释，自闭症谱系障碍中的自动行为和刻板行为也是如此。大脑额叶受到的许多伤害导致个体无法采取计划性行动、集中注意力和控制冲动。抑郁症、狂躁症和躁郁症是由失控的生成智力引起的。药物治疗的目的是将大脑的生成功能替换掉，或者在某些情况下对执行功能进行加强。心理医生的治疗目标也一样。比方说，使用兴奋剂治疗注意力缺陷多动障碍似乎听起来很矛盾，但是之所以采取这种治疗方案，是因为药物可以加强执行系统地功能，从

图解智力简史

而更好地控制其他功能。

　　乌斯贝克还了解到，文化有时候对精神疾病会有所帮助。就抑郁症来看，抑郁的产生看似是由于当前生活的某种因素所造成的，因此，出现了一种"文化精神病学"，专门研究文化是如何影响精神疾病的病理表现的。例如，精神病学医书中会提到，虽然产生幻觉是精神分裂症的症状，但在墨西哥一些土著部落文化中，幻觉是悲伤的正常表现，因此在这些部落中不应将幻觉视为精神分裂症的症状。一些文化精神病学研究者表示，在印度不存在病理性抑郁症，因为印度人的基本信仰禁止信徒产生抑郁。南撒哈拉地区和伊比利亚美洲地区的研究人员确认，在上述地区不存在因为围绝经期（更年期）引起的任何精神疾病，这和西方国家的妇女经历很不一样，因为上述地区的妇女将围绝经期视为一种解放。（Y.拜耶内和M.马丁，《没有症状的更年期：印第安玛雅人的更年期内分泌》，《美国妇产科期刊》168期，1993年，第1839~1843页）

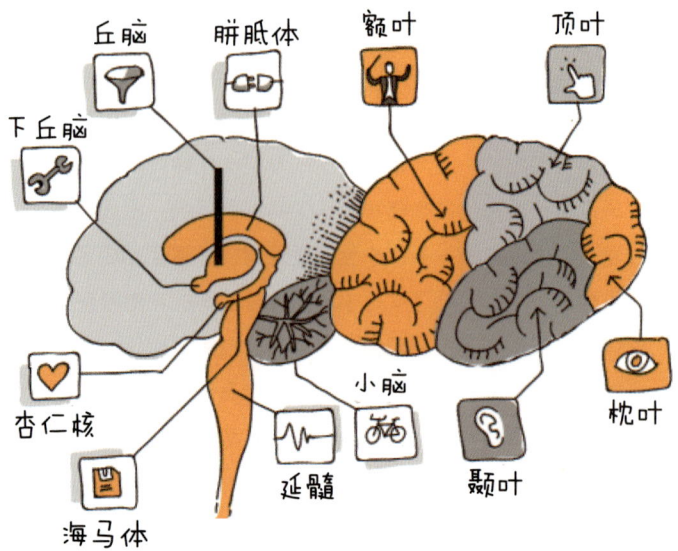

丘脑　胼胝体　额叶　顶叶

下丘脑

杏仁核

海马体

小脑

延髓

颞叶

枕叶

　　如果乌斯贝克关于人类双重智力的设想是正确的，那么对大脑进行解剖应该就可以证明这一点，因此乌斯贝克开始研究这块只有 1.5 千克的胶状物质。它幸运地在这团物质中发现了之前设想的结构，其中包括专门用于处理感官信息的区域、有响应情绪的区域，有组织和指导行为的区域，有执行行为的区域，还有监控行为执行过程的反馈系统……这是一个复杂而有序的结构。纵向来看，延髓是指导诸如呼吸或心跳等重要活动的区域，延髓如果受到重创则可能导致死亡。较延髓高一些的区域负责存储记忆和情绪，如海马体和杏仁核。在这两者上方是信息汇合和分配区域，具体是指下丘脑和丘脑。乌斯贝克的研究中有一些非常重要的结构，即基底神经节，因为它们是人类习性所在基地，是记忆的基础。最后是覆盖所有区域的先进的部分：大脑皮质。大脑的左

推文 22:

整个宇宙被浓缩到不到 1.5 千克的大脑里

右两部分由一束约两亿根神经纤维相连，这部分被称为"胼胝体"。大脑皮质分为顶叶、颞叶、枕叶和额叶。枕叶下方是小脑。小脑是一台非常强大的计算机，能够组织肌肉运动。

大脑中的一切都是巨大的。脑中有1000亿个神经元，而胶质细胞的数量则是它的6倍，并且为神经元提供多种服务。每个神经元通过树突接受信息，并通过轴突发出消息，也是通过轴突与其他神经元相连接。然而，尽管神经元传送的是电信号，但并不像普通的电气设备那样连接。神经元被突触空间隔开，信息通过化学介质穿过突触空间进行传导。有一些被称作"神经递质"，它们负责在另一个单元中重现信号，并进行一些调整。这些神经递质如果运作出现问题则会导致一些病症出现。例如，帕金森病就是由于缺乏多巴胺这种神经递质而引起的。

我们之前谈到的情感产生与执行力控制之间的关系可以在神经病学中找到答案。前额叶皮质负责对行为进行引导、计划和决定，但是如果没有情感的作用就无法做到这一切。有一件非常具有戏剧性的事故揭示了两者之间的关系。1848年，来自佛蒙特州的铁路工人菲尼斯·盖奇在工作中发生了事故。一次爆炸使铁棍从他的左颧骨下方进入了他的头部，伤到了大脑额叶。幸运的是，他康复得很好，并且出人意料地没有留下任何后遗症，事故唯一改变的是他的性情。菲尼斯·盖奇从一个勤奋负责的人变成了一个脾气暴躁、无法自控的人。一个世纪之后，伟大的神经学家安东尼奥·达马西奥发现，铁棍切断了盖奇的额叶与深部情感区（边缘区）之间的联系。他证实，这些联系对于控制冲动性情绪和行为是必不可少的。但是医生还发现了另外的事实：情绪活动对于额叶作出决定也是必要的，失去感性的理性是不能正常运作的，失去理性的感性是无法控制的。"理性 VS 感性"的旧命题出现了新的视角。

到此，乌斯贝克已经了解了人类智力的体系结构，但是它对此并不满足。它正在参与"逆向心理学"的研究项目，希望对人类智力谱系发展了解得更多一些。为此，乌斯贝克还有一个问题："人类智力到底发展到多远？研究到这里人类智力发展史已经结束了吗？"

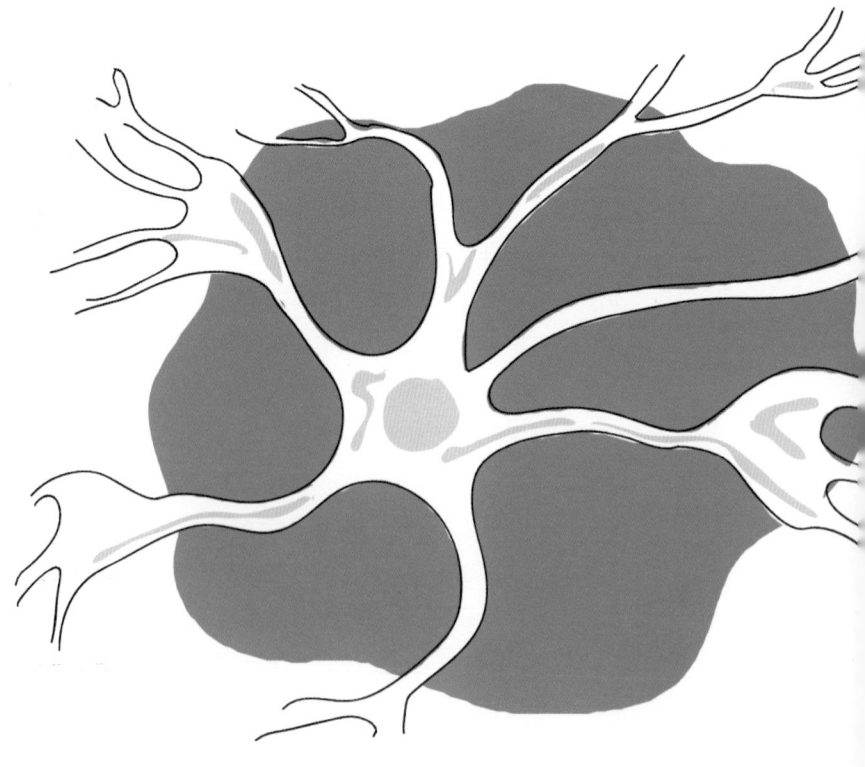

图解智力简史

思维地图 3

3 机器里 的 幽灵

光线投射在一个物体上，再被反射回来

视网膜接收的信息通过大脑的视神经进行传导

大脑枕叶对信号进行分析并将其转换为

意识体验

生成智力运行错误

或

执行智力有效性缺乏

是许多精神疾病的

病因

这个 双重 智力系统是一切创造力和自由行为的根源，是人类智力惊人发展的大爆炸区域

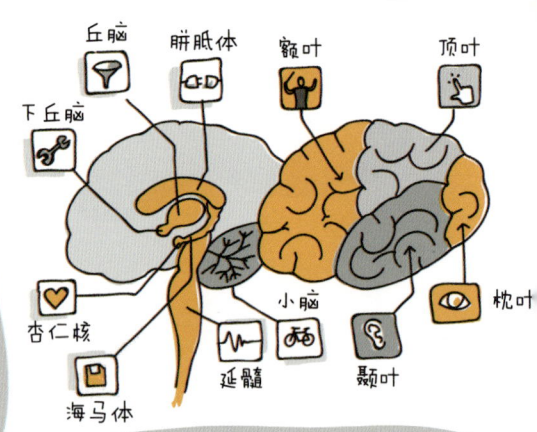

丘脑　　胼胝体　　额叶　　顶叶

下丘脑

杏仁核　　　　延髓　　颞叶

海马体　　　　小脑　　枕叶

这就是人脑中"超级应用程序"的工作方式，我称之为"执行智力"

它的工作程序和海关类似

它的功能是给生成智力确定目标并评估其提出的建议

人类对于大脑处理的
海量信息并不了解

当人操作电脑时，电脑对内
部的操作过程也一无所知

甚至在睡眠中，大脑还
在进行自己的创造

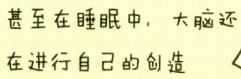

乌斯贝克决定将大脑创
造故事、梦境和一切想
法的智力称为

"生成智力"

这个意识生成器非常多
产，生成了无数的

情感、
欲望
和想法

人类知道欲望是驱使人
行为产生的根源，但这
在进行冲动行为时并不
成立

孩童通过
语言
这种强大的工具
学会
给自己
提问和下达指令

人类可以通过某种方式控制
或引导生成智力的活动
—— 人类之所以成为人类 ——
就归功于这种
自我控制的能力

一股新的进化力量

乌斯贝克将精神动物定义为会说话、懂得自我控制的动物。他们是如何获得这些能力的？几个世纪以来，大多数人都将这些能力视为神赐的礼物。后来，人类将物种进化当作是更为合理的答案。乌斯贝克怀疑生物学家在研究物种进化时遗漏了一些东西。他们将进化解释为自然选择筛选出的遗传突变游戏，经过选择后仅保留了有用的东西。出于某些原因，雌性孔雀会觉得拥有绚丽尾部的雄性孔雀更具吸引力，只有拥有华丽又累赘的大尾巴的幸运儿才能成功找到配偶，于是这个物种最终保留了这个特点。乌斯贝克认为在人类进化的过程中，除了突变和自然选择外，另一个进化因素也起到了关键作用，那就是学习。它认为记忆是人类一切变化的基础，甚至可以说，生物的任何永久性变化都可以解释成一种学习过程，是所有经历在生物机体中永久的体现。免疫系统拥有非常强大的记忆力，能够记住已知细菌会激活的抗体。因此，乌斯贝克在它关于人类"惊人的秘密"的提纲中，引入了另一个等式：

人类 = 生物学 + 文化

人类 = 惊人的循环

人类 = 生物学 + 记忆力

在乌斯贝克看来，人类并不把记忆力当回事，甚至对记忆这件事知之甚少。人类将记忆力比作一个堆满东西的仓库，在那儿很难找到需要的东西，但事实上记忆力是智力发展所需的一种必要能力。身体发育具有其固定机制，需要进行新陈代谢促进人体生长，脑力发育也是如此。记忆力是什么？是整个神经系统根据经验而变化的能力。因此，当记忆力崩溃时（例如阿尔茨海默病），整个智力活动就崩溃了。乌斯贝克认为想要了解人类的话，对记忆力和人类学习过程的研究是必不可少的。它根据自身经验就知道记忆力对自己来说有多重要。

所有动物都具有学习的能力。狗能学会将食物和铃声联系起来，并在听到铃声后就开始流口水。海豚在海洋公园学会了跳跃。黑猩猩坎吉学会说两个词的简单句子。这些动物天生具有专门的学习能力，有学习某些事物的意愿，并且有一个学习的上限。人类相对于其他物种而言其学习能力具有巨大优势。一个六岁的孩童可以学会 13000 个词语，会讲道理，有预见性和想象力，可以理解旁人的意图，并且已经掌握了非常精细的运动技能，例如可以握笔写字。借助联想和模仿的能力，孩童学会了另一件事，乐于重复一些曾经被嘉奖的行为。

人类在不知不觉中学习，对自己所做的事情并不了解。他们对事物进行关联和计算，感知规律和差异，并对未发生

　　　　　　　　　　　　　　　　图解智力简史

的事情进行预测。在这过程中人类的学习能力加速升级，因为他们学会了借鉴前人的经验。他们不必再次发现火，也不必发明石斧，因为前人已经做到。他们也不必琢磨如何缝制皮草来使自己免受风寒，因为 10 万年前已经有这样的服饰存在。确定这类服饰年份的方式倒是非常奇特：研究人员发现了衣服上附着的虱子的 DNA，从而确定了其存在的年份。人类也不需要从零开始探索追踪猎物的方式，因为前人的经验就在那儿。路易斯·利本伯格研究了南非狩猎者专业的追踪能力所必备的要求，结果显示这个能力结合了非常复杂的模式识别能力、仔细的观察力以及关于自然历史的极具价值的海量信息。狩猎者了解为什么同一只动物的踪迹会根据其疲劳、害怕、紧张或放松的状态而产生变化。他们的经验通过口口相传的方式向年轻一代传授下去。

乌斯贝克写道："学习过程就像摄取营养的过程一样。在学习和进食时都会吸收外部物质。在这两种情况下，如果对食物（或信息）进行预先消化，那么整个过程都会简化很多。"

乌斯贝克想起之前它发现的惊人的循环，现在这个说法变得越来越具体了。人类的智力创造出的东西会再次反馈其智力中并推动智力进一步发展。这个过程就是学习的过程。乌斯贝克再一次将目光投向之前已经确定的研究对象上：除了人类的图书馆、博物馆、研究机构、法庭和精神病院之外，人类还有一个最基本的发明，那就是学校。乌斯贝克认为学校是最能揭示人类智力发展的地方。人类认识到他们的发展进化应建立在学习的基础上，于是发明了专门用来加强和指导学习的地方——学校。乌斯贝克将这件事和农业联系在一起。农业是用来确保营养的手段，而学校是用来确保学习的手段，通过学习可以确保人类社会的知识流传下去。乌斯贝克的记忆库找到了把学习比作农业的依据："文化（cultura）"这个词来源于"耕种（cultivo）"。

图解智力简史

乌斯贝克写道，当人类的大脑学会有意识地控制自己时，就会在进化上发生巨大飞跃。然后它又问自己："这又是如何发生的呢？"于是乌斯贝克到处寻找线索。不一会儿，它到了一个水上公园，看到训练有素的海豚和虎鲸正在进行表演。训练员从泳池的边缘向动物们下达命令，动物们一一遵守。乌斯贝克看到这个场景觉得既神秘又奇怪。到底发生了什么？人类的大脑向海豚和虎鲸的大脑输入一个"程序"，前者级别更高，后者级别稍低，但也有充分的能力。如果人类也是被驯化和训练的产物怎么办？如果人类已经学会了表现出自我控制的能力，又怎么办？乌斯贝克一开始否定了这一假设，因为那意味着它接受比人类更高水平智力的存在。尽管乌斯贝克知道很多人相信是上帝将动物智力转化为人类智力，但它更愿意寻求一种更现实的解释。况且它还没有找到比人类智力更高级别的智力存在，也不想牵扯到神的话题。

乌斯贝克脑中突然有一道"灵光"闪过，这个瞬间它感觉一切都有了联系。当乌斯贝克的记忆库中的多重网络同时被激活时，就会发生这种情况。此刻的"灵光"正是它的记忆库中负责研究个体机制的网络和研究社会机制的网络同时被激活的结果。当这些网络的研究结果被结合起来时，可以清楚地看到确实存在比人类个体智力更加高级的智力，那就是社会智力，那是一种共享智力，也就是文化。个人智力是一个抽象的东西，大脑通过个人与他人的互动才会进一步发展。乌斯贝克想起印度狼孩的故事。拉迪亚德·吉卜林在其《丛林故事》中将那段历史进行了美化。事实上，狼孩在婴儿时期的大脑与其他婴儿一样，是一个拥有巨大能量的学习机器，只不过这些孩子的学习对象只有围绕在其身边的狼而已。1920 年，在加尔各答地区发现了两个女狼孩阿玛拉和卡玛拉，她们的习性和狼如出一辙：她们团睡在一起，会吼叫，舔着舌头喝水，食生肉，不习惯穿衣并用牙齿将衣服

图解智力简史

撕碎，习惯夜出并拥有夜视功能，嗅觉灵敏，但是学说话和直立行走非常困难。撇开这种极端的例子，只要在孤立环境中长大的孩子，他们的智力都发育得不好。乌斯贝克的调查结果促使它想到一种"大脑－社会系统"，就好比电能分配系统。文化这个中央发电机负责为身处社会生活的人们提供能量，每个人根据自己能力不同合理使用这些能量，从而达到自己的目的。一些人需要照明，另一个人需要发动引擎，还有一些人需要取暖……如果没有来自中央发电机的能量，那么个人活动就无法进行，但是从另一方面来说，社会中的个体也需要拥有各自的系统才能使用这个能量，并且个人系统也是能量的来源。人们可以使用自己的太阳能电池板来生成电能，将其汇入电网中，让整个电网变得更加强大。乌斯贝克发现将文化比作电网，将知识和行为模式在网络中进行传输这个想法真是高明极了。

乌斯贝克下定决心研究人类的记忆力是如何运作的，于是它开始观察儿童，因为儿童具有最佳的学习能力，不用怎么费力就能学会说话，这简直是学习的奇迹。对于乌斯贝克来说，学习人类语言需要付出巨大的努力，因为语言虽然非常有效，但是却不受严格的规则约束，举例来说，西班牙语中"caber"这个动词的一般过去时变位按语法规则来看应该是"cabió"，但实际上却是不符合变位规则的"cupo"。

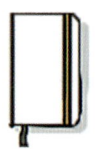

乌斯贝克在其笔记本的"问题"一栏写下："为什么人类没有创造出完美的语言，在这种语言中不存在误解、歧义和模棱两可的情况？他们既然能发明像数学这样形式上完美的语言，为什么在发明自然语言时做不到这一点呢？"

乌斯贝克观察到儿童在不知不觉间就学会了说话，他们将自己的欲望与发声联系起来，事实证明，这个方法非常有效！儿童学说话的过程就跟学扔东西一样。他们并不知道要移动哪里的肌肉，但是大脑知道。他们也不知道应该发出什

图解智力简史

么音，但是一旦学会了这个词，大脑就会记录下来。孩子在很早的阶段就发展了对交流和表达的欲望，突然有一天就会用小手指指东西了。乌斯贝克觉得这很有趣。又过了一段时间，孩子不仅可以用手指着一条小狗，还可以同时发出"汪、汪"的声音。做这件事的同时，孩子并没有想到要向妈妈表明有一只狗引起了他的注意，孩子从想要交流的阶段进入直接表达的阶段，这与他们哭喊或者想要迈出第一步学习走路的过程是一样的。最终，孩子终于学会了说话，换句话说，他们在短短一两年内学会了其人类祖先花费 100 万年才做到的事情。这种加速代表了人类进化的巨大飞跃。有关语言的一切都很神秘。根据一些专家的观点，德国的婴儿在其出生时的哭声就已经遵循了德语的音律，法国的婴儿则遵循了法语的音律。（B. Mampe 等人，《新生儿的旋律由其母语塑造》《当代生物学》，第 19 卷，第 23 页，2009 年，第 1994~1997 页）儿童学习了一种系统，这种系统可以使他们讲出并理解无限的句子，这里的"无限"就是其字面意思，语言的可能性永不枯竭。

要论证"语言创造是无限的"这个说法其实并不复杂。我就举一个非常简单的例子，通过这个例子可以证明人类可以轻而易举地造出无穷无尽的句子：

下午下雨了。

我刚写了"下午下雨了"。

我刚写了"我刚写了'下午下雨了'"。

我刚写了我刚写了"我刚写了'下午下雨了'"。

如此一般我可以不停地写下去。当然，这并不是一个很聪明的例子。我只想表明人类语言的创造能力确实是无穷无尽的。

孩子学会说话，意味着他的生成智力学会了造句。生成智力还能通过同样的原理形成一连串连贯的动作，让孩子拿到高处的物体。孩子将这种表达能力植入控制自己情绪和动作的活动中心当中，那里是所有行为的发源地。孩子们并不是先在脑子里想："我马上要说出'我受伤了'这句话，然后组织好语言，再大声说出'我受伤了'。"他说这句话的时候并没有做过任何有意识的准备工作。乌斯贝克想起了著名心理学家威廉·詹姆斯的一段文字，非常有意思，那段话是这样说的："人们难道从来没有想过，自己在想要说出任何话语前，心理活动到底是怎样的？确实，想说的话自然而然就在脑海中浮现出来，并没有任何预期的想法。但是，随着能够表达其意图的话语不断在脑中浮现，人们则会进行选择。如果这些话和自己想表达的意图吻合，大脑就接受它，如果觉得不吻合，大脑则会拒绝这些话语。"想一想"话就在嘴边"这种情况就比较好理解。说话的人知道他想说什么，但是只有在这句话真正被说出来时候他才能识

推文 26:

您并不知道自己了解什么。我也一样

图解智力简史

别出来，这个识别过程是很特殊的，因为在被说出来之前，说话的人也不知道这句话到底是什么。乌斯贝克的记忆库又给它提供了以下一些例子：

—希腊人所说的"aner dipsijos"，意思是分裂的人，处于两个截然相反愿望之间。

—"一种新的奇怪力量拖拽着我。欲望和理性正朝着不同的方向发展。我看到了正确的路，我认可它，但我仍然选择了错误的道路。"（奥维德，《变形记》，第七卷）

—一直以来都在谈论"良心的声音"，仿佛有一个内在的我时刻在评估另一个内在的我的所想、所感和所欲。这个做评估的我，如同康德所说，已经变成了自己内心身处一所奇怪的法庭。

—西格蒙德·弗洛伊德对所有现象都观察入微，他将心理活动分为三个层次，即"本我"（潜意识），"超我"（社会评估影响）和"自我"（负责处理现实世界的事情）。

—柏拉图将灵魂比喻由一名驾驭者（理性）和两只飞马（激情）组成的战车。

有一种现象深深地吸引了乌斯贝克。语言是人与人交流的工具，交流中有两个角色：信息发送者和信息接收者。让乌斯贝克觉得难以理解的是，人类似乎经常会处于自言自语的状态。例如，他们会对自己提问。这种行为让乌斯贝克觉得非常荒谬。比如，佩德罗问自己："我昨天去哪儿了？"谁问了这个问题？佩德罗。他在向谁提问？也是佩德罗。尽管这几个问题听起来很可笑，但是这个提问循环并不愚蠢。它仅表示人类已经学会了控制自己的记忆并向其提问。乌斯贝克对孩子的洞察力感到十分钦佩，因为孩子会问妈妈："你考考我，看我学会了没有。"孩子只有在把答案说出来之后才能知道自己到底记住了没有。因此，乌斯贝克写道：

"人类对复制一切事物的欲望似乎导致他们也想复制自己。有一个提问的佩德罗，还有一个回答问题的佩德罗。"

乌斯贝克的记忆库又一次开始运作，搜索到以下案例：

—伟大的小说家爱德华·摩根·福斯特笔下的一个人物说道："如果我还没有听见自己说出脑海中的想法，我又怎么能知道自己在想什么呢？"

—麦克斯·奥布也说过相似的悖论："写作就是去发现一个人想要对自己说什么的过程。"

—玛格丽特·杜拉斯这样解释 Boutade（灵感）："写作就是试图去了解如果我们写作的话到底会写些什么。"

—胡安·盖尔曼则认为："在不知情状态下获得知识正是诗歌的特征。诗人会对于自己的创作感到惊讶，并在阅读自己作品的过程中才慢慢了解所发生的一切。"

—语言诞生于人类智力最深处的几台编织机当中。几世纪前，胡安·路易斯·维夫斯在他的作品《比喻》中曾说过类似的话：语言是整个灵魂的表达。

—生成结构是语言学家的研究对象之一。

乌斯贝克的记忆库提供例子让它越来越相信人类智力确实具有双重体系。

　　智力发展的模式逐渐清晰起来。社会将必要的应用程序引入人类大脑以此来驯化人类。另外，人类则进行自我驯化，其方法之一就是促进每个个体建立自我控制系统。1959 年，俄罗斯遗传学家迪米特里·贝利亚耶夫在西伯利亚开始了一项驯化狐狸的计划。他选择的驯化对象只有一个标准：敢于向伸出手的自己靠近、大胆且不具有攻击性的年幼狐狸。几年之后，这些被选中的狐狸产生了变化，看起来就像是被驯养的家犬。它们对人类的交流手势的反应和家养的狗一样灵敏。遗传学家们惊讶地发现这些遗传改变并不需要经历很多代的时间。人类很可能会进行自我选择，从而获得某些竞争优势，例如快速学习的能力、自我控制的能力和利他行为，等等。我的任务是去证实乌斯贝克的这个想法是否正确。经过证实，我发现伟大的人类学家弗朗兹·博阿斯在其论文中提出过相似的理论，而且说服力更强。哈佛大学的灵长类动物学家理查德·格兰汉姆推测，人类经历了一场改变其生物学的驯化过程，且驯化是通过同类进行的。

有趣的人类智力考古学家迈克尔·托马塞洛也持有同样的观点，他认为在人类进化史上的某个时刻幸运地发生了自我驯化，帮助人类清除了非常激进或者非常迟钝的人。人类的进化过程应该就是以此为开端，涉及情感和动机等各个方面。这个进化过程让我们远离了大猩猩，并进入了一个新的空间，在这个空间中人类得以发展更多复杂的能力，用于更好地开展分工协作。这是加速人类进化的重要一步。伯纳德·维克多利针对尼安德特人的消失提出了一种解释，就与上述内容有关。他认为尼安德特人之所以走到被自我暴力毁灭的道路上，因为当他们处在一段进化的关键时期时，通过本能自发地对暴力活动进行调节已经消失，但同时通过文化控制暴力活动的机制还没有发展起来。于是尼安德特人就这样在暴力争斗中灭绝了。

乌斯贝克认为情感进化的过程一定与智力创造一样伟大。人类，与早于他们的其他社会性动物一样，也准备以小团体的方式进行活动。如何打破这个小团体圈子、进入更大的团体合作阶段是人类发展史上最伟大、最具象征意义的创造之一。这个发现让乌斯贝克感到担忧，它在笔记本上写下了一串神秘的文字：

"人类智力的进化是双线并行的，一条线从知识层面出发，另一条线则从情感层面出发。人类的认知过程从符号开始，经历知识、技术、科学、人工智能等阶段，现在朝着我们的方向发展。人类情感进化则经历了合作、竞争、善行、恶行、规则和幸福，因此形成了现在的人类。也许人类比想象中的更聪明。"

乌斯贝克的记忆库找到了一篇托马斯·杰斐逊的信，

在信中作者让自己的脑（理性）和心（感性）进行了一番辩论：

"大自然赋予了我们同一个居住地，但在这个居住地之上为我们建立了一个分裂的帝国。大自然将科学领域分配给你，将道德领域分配给我。当要画出圆形图案，追踪彗星轨道，或者要研究拱门的最大受力或者阻力最小的固体时，请你想一下，那些都是你的问题，大自然并没有让我获得这些知识。同样的，大自然没有让你了解什么是同情、仁慈、感激、公正、爱情和友谊，这些情感都不在你的控制范围之内。这些都属于心的控制范围。道理对于人类的幸福太重要了，不能冒险将其交给无法确定的大脑去控制。因此，大自然将幸福的基础建立在情感上，而不是科学上。"（托马斯·杰斐逊，《给玛利亚·科士威的信（1786）》，企业出版社，纽约，1975）

紧接着，乌斯贝克抄写了一段康德的文章，文章中作者表达了他对教育的看法。康德认为，教育的作用除了传播知识和技术外，还能帮助个人建立自我控制系统。

"康德写道：纪律将动物性转化为人性。动物之所以为动物是因为它所做的一切都是出于本能，这种特殊的理由为它提供了一切。但是人类的行动需要合适的理由，人类不能凭借直觉行事，他们需要自己建立起行为计划。但由于人类诞生时是未经教育的，没有能力立刻达到这种水平，因此需要旁人来帮助他建造这个行为计划。纪律可以防止人类在动物秉性驱使下偏离正常的道路，失去人性。纪律必须将人约束起来，防止他无知散漫地陷入危险之中。所以，虽然学习遵守纪律是教育过程中被动消极的一面，但它是将人类身上的动物性消除的必要行为。而指导人遵守纪律，则是教育主动积极的一面。"

令我感到惊讶的是，这位来自先进文明、并在认知方面明显强于人类的造访者，会认为人类智力最深层次的发展阶段是情感的产生而不是理性的产生，而我们人类恰恰因力不信任情感才经常用理性来反对它。这位造访者还认为，这个最深层次的发展阶段具体是指道德标准的出现，而我们人类则认为这个阶段似乎不具备什么创造力。

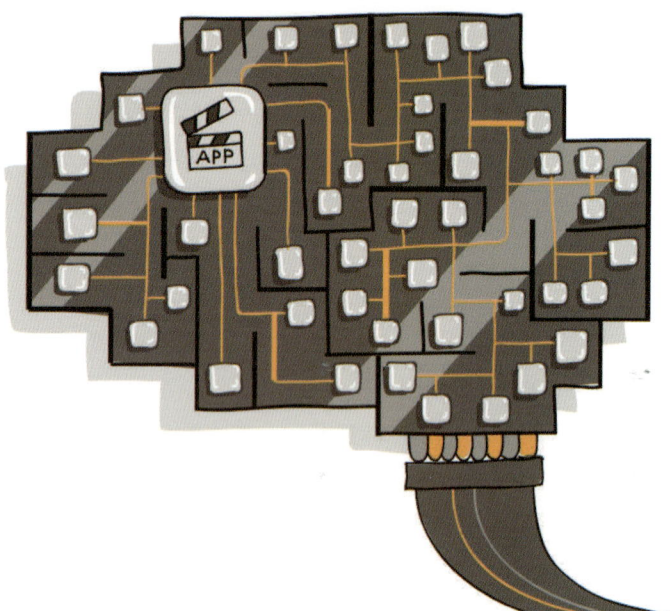

乌斯贝克的记忆库对大数据技术掌握得很纯熟，在大量的异构信息中找到了统一的模式和联系。它的记忆库将"言语"和"自我控制"两个词相关联，出现了以下一些例子：

推文 29：

为什么人总是在自言自语

—"内心的言语"是主体和自己的联系方式，并通过这种方式为自己下达命令。（维果茨基和卢里亚）

—所有的自愿计划都有一个语言生成过程。（米勒，普里布拉姆，加兰特）

—语言半球是有意识的半球。（加扎尼加）

—当玛丽·赫尔汀掌握手语，也学会了控制自己的行为。

图解智力简史

我对最后一条信息进行了深入研究。玛丽·赫尔汀是一个聋哑盲人女孩。她经常由于无法控制愤怒而出现攻击行为，她的父母将她关在一个修道院内。修道院中一位名叫玛格丽特的修女决定设法让女孩学习聋哑人的手语，但是修女没法让女孩明白手势是什么意思。玛丽总是随身携带一把珠光小刀，触感很好。当修女把它拿走时，女孩异常愤怒，攻击了修女。玛格丽特修女认为，她必须让玛丽知道，如果她能做一个手势来代表这把小刀，那就把小刀还给她。在尝试了多次之后，玛丽终于明白了修女想要表达的意思。如果自己能做一个手势，就能把东西拿回来。有趣的是，从那一刻开始，玛丽·赫尔汀很快就学会了手语，更令人惊讶的是，她还学会了控制自己的行为。

　　人类智力的运行模式已经确定，大脑成了一台不可思议的创造机器，它通过学习文化来安装大量的"应用程序"。在这些程序中，有一个更高级别的程序负责控制其他所有程序，这个程序就是执行智力。

思维地图4

4 一 股
新的进化力量

人类 = 生物学 + 记忆力

由自然选择产生的一系列基因突变影响了人类的进化

但是另一个进化**因素**教会人类说话和自我驯化，那就是"学习"

所有动物都具有学习的能力，但人类在6岁时就学会了 **13000** 个词语

学校

是人类最基本的发明之一，它的出现让人类不再需要在任何情况下从零开始学习**知识**

记忆力是学习的基础，是可以根据**经验值**大小进行改变的能力

儿童在不知不觉间就学会了说话，并不需要花多大的力气

他们在短短一两年内学会了其人类祖先花费 **100万年** 才做到的事情

这说明人类运用自己的记忆，通过向自己发问的方式来

学习语言

但是这个用来沟通交流的能力还有一个特殊功能：人类可以与自己交流

孩子的生成智力将创造句子的能力植入所有行为的发源地当中

情感进化线

幸福
合作
善行
竞争
规则

人类智力的 **进化** 是双线并行的

认知进化线

科学
技术
人工智能

人类智力的运行模式已经确定, 大脑成了一台不可思议的创造机器, 它通过学习文化来安装大量的"应用程序"

在这些程序中, 有一个更高级别的程序:

执行智力

APP

人类在自我驯化的过程中, 在大脑中安装了必要的"应用程序", 这个过程从生理上改变了人类

人类的自我选择加速了人类进化过程, 有利于人类产生情感并获得合作能力

人类的大脑有意识地进行自我控制, 但这又是通过学习获得的能力, 这两点 **不矛盾吗**

因此在人类个体智力之上存在一种更高级的智力。 那就是 社会智力 也就是 **文化**

文化

个人智力是比较抽象, 因为大脑通过与他人交流不断在发展

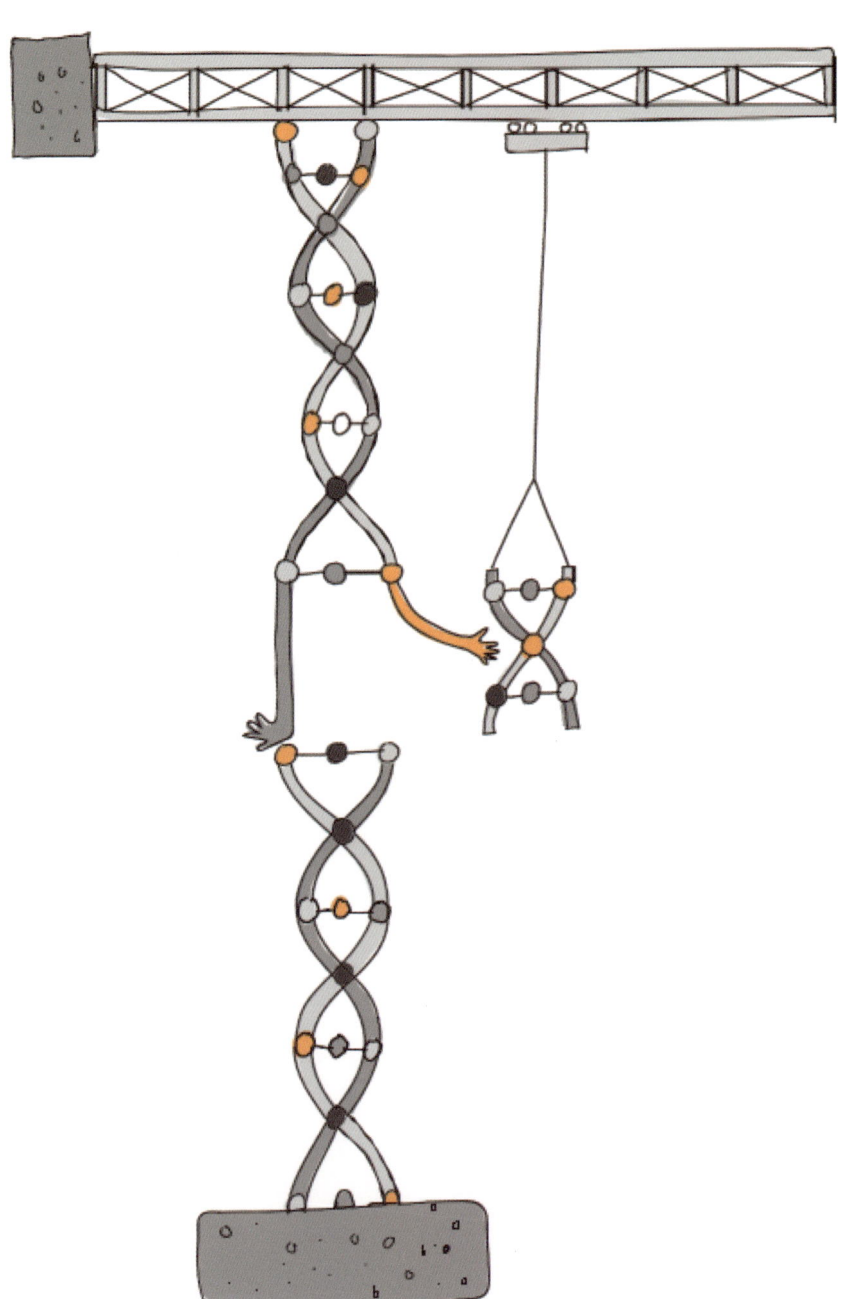

共同进化史

推文 30:

如果您想获得自由，那就整理一下周围的环境

　　人类智力发展历史的主角已经出现，即人类和文化，后者是智力社会化的产物。这两个角色交互作用，形成一个循环。每一个个体的进步都会影响社会，每一个社会性的进步也会影响个人。这是一种相互的创造，是一种连通器系统。乌斯贝克认为正是这种系统将历史引入了人类的心脏。从那一刻开始，人类的心理发展和文化发展齐头并进，这一观点激发了乌斯贝克对探索的热情。在心理和文化共同进化的过程中，由基因决定的人类行为创造了新的文化，同时，文化也对人类的基因进化产生了影响。

　　人类和文化共同发展的方式并不是平行共存，而是相互作用。换句话说，人类大脑变大变强和社会文化变得繁复这两者之间并不是两条没有交集的平行线，而是交织在一起螺旋上升的。大脑不断增强的同时创造出拥有更多程序的文化，这些程序安装在大脑中，帮助大脑创造出更多更复杂的程序，不断增强大脑的性能。大自然和文化是编织人类壁毯不可或缺的纬纱和经纱。

人类的祖先在成年阶段曾经先天乳糖不耐受，也就是说，他们不能喝奶。但是当畜牧业广泛普及后，人类基因发生了突变，使得人类可以利用牛奶这一丰富又安全的营养来源。另一个例子是语言。婴儿一出生就准备好学习说话，然而，人类最早却由一支无声的物种进化而来。人类的大脑历经数千年才安装了语言这个"程序"。脱离上下文的抽象思维也是进化的产物。人类个体自我控制的系统是通过文化不断的推动所形成，其中包含了自我驯化的过程。正因为有了自我控制的系统，才产生了"自由"和"个人自治"的想法。

　　乌斯贝克的记忆库孜孜不倦地搜索，于是在美国哲学家丹尼尔·丹内特的著作中发现了上述几个例子。丹内特在《自由的进化》一书中对上述例子进行了阐述。同样的，史蒂文·平克遵循诺伯特·埃利亚斯的足迹，用超过 1000 页的文字证明人类在几千年前的进化中已经逐步减轻了暴力行为。乌斯贝克显然在寻找佐证方面具有明显优势，因为它可以在几秒内读完这些大部头的著作。

　　共同进化史是不断发展和自我构建的历史。人类种族学家认为，文化是我们的"生命之巢"，人类建造的这个巢穴一直以来都在对人类基因进行选择和加固，并借助其他方式延长基因进化的过程。人类通过改变生活环境来达到改变自己的目的，这一点似乎很奇怪，但是我们确实一直在做类似的事情。例如，为了达到节食的目的，我们首先会做的就是清空冰箱，目的是排除一切诱惑。《奥德赛》讲述了尤利西斯的故事。为了不被美人鱼的歌声迷惑，他选择将自己绑在一根柱子上。这是一种自发行为模式，目的是阻止自己采取某种自由行动。

　　　　　　　　　　　　　　　　　　　　　图解智力简史

乌斯贝克的记忆库传送了一些信息，但是在我看来似乎有点远离我们正在谈论的主题，这些信息如下：

—当老鼠放在一个物质丰富的环境中 3 小时，会导致至少 60 种不同基因的基因表达增加。这些基因可以促进 DNA 复制，指导突触生长并减少细胞死亡。

—偏瞳蔽眼蝶在雨季出生时是彩色的，如果在旱季出生则是灰色的。

—美丽突额隆头鱼的性别取决于周围是否存在强势雄性，如果存在，它们会长成雌性。

—关于丽鱼科的研究表明，社会等级的变化（从顺从者到统治者）与至少 59 个不同基因的表达水平变化有关。

—启动与斯金纳的连接。

　　我不知道这些数据是否适用于人类，或者是乌斯贝克的记忆库讽刺般地出现了问题，因为它甚至求助去参考斯金纳的文章。但是这些数据至少表明了环境可以对基因表达产生影响。如果我将周围环境变得更加丰富起来、将气候调成干燥模式，除掉强势雄性或者提高社会等级，至少可以相应改变老鼠、蝴蝶和鱼类的一些基因。这些确实能做到。

乌斯贝克的记忆似乎已经预见到了这项研究的发展趋势。这项研究指出，这种进化总是不稳定的，因此人类总是保持警觉状态。从神经病学来分析，诺曼·道伊奇写道："文明是各种技术的结合，借助这些技术，人类狩猎采集者的大脑学会重组自己。人类大脑中的'高级'功能和'低级'功能之间维持了一种脆弱的平衡，这个平衡一旦被打破，这些脑功能之间就会爆发自相残杀的战争，那时，人类最残酷、最原始的本能就被暴露出来，抢劫、盗窃、暴力和谋杀将成为日常事件。由于大脑是可塑的，因此它总是可以将已经具有的功能再次分离，使野蛮的回归变成可能，文明永远脆弱不堪，因此必须要在每一代人中教授和传播文明，就像对待新的事物一样。"（《重塑大脑、重塑人生》，AGUILAR 出版社，马德里，2008 年，第 295 页）

显然，人类可以通过改变其行为来引领其智力的发展，而这些行为很大程度上是由环境提供的。从共同的生物学本质出发，人类在每种不同的历史情境下发展出不同的可能性，具有不同的愿望并对未来怀有截然不同的期望。具有魔力的词语再次出现："可能性"。每一种情况，每一个历史时刻，都为人类提供了全新的可能性，但同时可能又关闭了其他可能性。

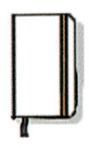 乌斯贝克记录道："目前，现代人类可以接收到强大的人工智能系统为他们提供的各种可能性。那么，人类能够区分出哪些可能性是对他们开放的，哪些是对他们关闭的吗？"

推文 31：

为什么拿破仑总是
翻看同一本书

　　乌斯贝克认为，人类在进化过程中发展了认知能力和情感能力。令乌斯贝克更感兴趣的是后者，而我现在明白了其中的缘由。乌斯贝克深信，人类的秘密在于产生欲望和情绪的源头，而欲望和情绪又是人类行为产生的源头。认知系统是为情感服务的。乌斯贝克通过大量研究，已经成为人类情感研究专家。人类的欲望有两个源头：一个是对需求的意识，另一个是对获得奖励的期望。这解释了之前提到的有关斯金纳的例子。他的核心思想是环境塑造动物，改变前者就会改变后者。他还认为，环境基本上来说就是奖励和惩罚的集合体。受到嘉奖的行为会被重复，而受到惩罚的行为则会被抑制。

　　乌斯贝克对于奖励这个概念非常感兴趣，至于它为什么会对这个内容感兴趣，我也是花了好久才弄明白。拿破仑出现过类似的行为。根据他的秘书巴伦·法恩回忆，拿破仑总是花大量时间去查阅一本书，书中对皇帝可以赏赐的奖励做了详细的描述。我查阅乌斯贝克的研究笔记，从中摸索出它的研究思路。欲望驱使人们去寻找奖励，奖励之间的差异可以引发不同的欲望。其中一个例子是性欲。人类交配的本能已经进入多样化发展的阶段，产生了不同的性取向和性行为：同性恋、恋物癖、施虐受虐狂，等等。奖励是多种多样的，但是都可以归结到一个基本的欲望源头，这个欲望被智力象征活动修改并扩张。这种对欲望的扩张正是乌斯贝克的兴趣所在。人类是欲望的产物，也就是说人类不满足于必需的事物，总是想要更多。因此，幸福的历史既是人类基本需求得到满足的历史，也是人类得到心中期待的奖励的历史。对于路易十四的朝臣来说，能够出席国王繁复的起床仪式（lever du roi）就是莫大的奖赏。只有被选中的人才有特权进入国王的寝室，见证路易十四由专人伺候穿衣起床的全过程。如果大臣们被剥夺这一荣誉，可能会引起抑郁甚至导致死亡。

乌斯贝克的记忆库提供了一段有趣的话："托马斯·德阿奎诺认为，人类需求产生的欲望是有限的，而人类智力产生的欲望是无限的，因此无法全部得到满足。"

乌斯贝克快速浏览了欲望的历史，想要找出漫长历史中人类的共同点。人类的两个基本欲望是避免痛苦和寻求快感。而快感又衍生出三个主要分支，分别是：生理快感、由社会交往引起的快感以及因自身可能性增加而产生的快感。这三条分支再次产生新的分支，渐渐形成了一棵巨大的欲望之树。

图解智力简史

乌斯贝克向专家询问是否存在基本情绪，专家回答说，如果承认存在基本兴趣，那就应该是人类和其动物近亲共同拥有的情绪。灵长类动物拥有对疼痛和快感的基本感受，这些感受影响到它们逃跑或接近的行为。在这两种基本感觉之上，还有害怕、愤怒、厌恶、依恋、好奇和惊讶几种感受。由此，在不同的文化中逐渐生成更多不同的情感，其中一些情感令人感到惊奇。新几内亚的坦古人拒绝踢足球赛，因为在他们的文化中不接受输赢的概念，因此必须修改规则，将进行球赛的目的改变。对他们来说，进行球赛的最终目标是双方一定要打成平手。

乌斯贝克的记忆库收集了令人叹为观止的关于情感的词汇。"amae（娇宠）"一词专门表示日本人的一种情感，并且它是日本心理学的精髓，也是理解日本人人格结构的关键词。Amae 是源自 amaeru 的名词，amaeru 是一个不及物动词，意思是"依靠、依赖他人的仁慈，感到无助和渴望被爱"。这种情感的原型是孩子与母亲的关系。

在日本文化中这种情感被普及各个领域并产生了一种社会性的和谐关系。日本学者土居健郎表示："和西方文化不同，日本文化并不鼓励孩子强调个人独立性和自治性。他们在相互依存的文化中成长，这种文化面向社会关系。西方自我主义是非常个人主义的，它强调个人养成自治、有控制欲、坚韧、具有竞争性和进取心的个性。西方自我文化培养出的社会关系是契约型的关系，而 amae 文化培养出的关系是无条件服从的关系。"然而，这种绝对依赖的心理，如民众对天皇的崇拜，也导致了日本盲目地加入了第二次世界大战。

曾经在很长一段时期内，人们都认为因纽特人从来不会生气。后来的研究发现，婴儿会像其他所有人一样生气，但是为了避免在进行必要的合作时产生冲突，人在成年后会选择将生气的情绪压制下去。爪哇人有自己的情感体系。爪哇人有一句俗语："做人当做爪哇人"，也就是说，他们为自己的生活方式而自豪。而在当地文化中，小孩子、疯子以及不道德的人都被叫作 adurung，这些人被认为"还不配叫作爪哇人"。爪哇成年人的行为举止需要遵循非常复杂的礼节和规则，对音乐、舞蹈、戏剧、纺织品设计等领域都需要具有出色的审美，要能用心感受每一次神的感召，要获得 sungkan——一种出于礼貌的尊重感受。达到上述标准，那么这个人才能被称为 sampundjawa，即"真正的爪哇人"。

 乌斯贝克认为这对它来说是一个重要的话题，于是用非常大的字体写道："与偏瞳蔽眼蝶根据季节选择自身颜色的原理一样，人类的情感也可以根据文化环境的不同而变化，可以依赖社会关系，也可以以自我为中心。"

图解智力简史

我怀疑乌斯贝克想把我带到某个地方去，它与我合作的方式就像一个有地图的人和一个没地图的人一起进行探索一样。我重新检查乌斯贝克是否因为我对它的某个研究兴趣点不够了解，因而歪曲了某些信息。出于对人类学家克利福德·格尔茨的崇拜，我去查询了他的论文资料，发现了以下内容：

"在西方概念中，个人被看成一个单一且有限的宇宙，差不多是完整的个体，具有动机和认知能力，其周围环境都是独特而稳定的，和其他人区分开来。很明显，这种西方文化中有关个人的概念放在整个世界文化中来看是非常独特的。"

乌斯贝克的记忆库还提供了一个非常令人不安的信息。一些研究人员指责西方心理学研究存在偏见，因为他们的研究所基于的实验和测试始终只针对一小部分人群进行，这些人拥有的共同特征包括：来自西方（w），受过教育（e），来自工业化社会（i），生活富裕（r）以及具有民主观念（d）。在英语中，这几个特点的首写字母缩写成一个单词就是 Weird（奇怪的）。在回顾了许多研究之后，这些研究人员得出结论，当一个人越符合 Weird 五个特征，他就越有可能将眼前的世界看作是众多独立个体的集合，而不是看到一个充满联系的世界。（I. 海因里希等，《世界上最奇怪的人？》，行为和脑科学期刊，2010 年第 33 期，第 61~83 页）

符合 Weird 特征的思想家们更倾向于个人主义的道德观，比如康德和约翰·斯图尔特·米尔，而其他思想家的道德观则与孔子更为相似。

乌斯贝克计划研究欲望和情绪在整个历史的演变过程中是怎样与人的信仰和思想互相影响的。举例说明，恐惧是一种普遍的情绪，但在不同的文化中却以不同的方式表现出来。欧洲的中世纪是一个充满恐惧的年代，人们害怕疾病、魔鬼、死亡、灵魂和诅咒。

在着手开展整个研究之前，乌斯贝克想要首先研究一个在它看来人类独有的强烈欲望：对行为扩张的渴望，那是一种对权力的热情，对超越极限的渴望，是导致人类决心主宰大自然，包括主宰大自然中的其他人类的源头。人类对于权力的渴望是无法解释的。感受到权力的人本身就觉得非常愉悦，如果要这些人问自己需要权力来做什么，那就好比问一个人"你为什么喜欢感到愉悦"，这种问题是无须回答的。乌斯贝克的记忆库告诉它人类对于权力的欲望是人类历史发展进程中最重要的推进器之一。创造力、野心、禁欲主义、对科学的追求、对控制的渴望以及政治、经济和宗教的发展都被这种对扩张能力的热情所推动。这是一种不断扩张的欲望，永远不会得到满足。普鲁塔克曾经讲述过这样一件事：一天，皮洛士正在制定战争计划。他说："首先，我们要攻打希腊。"他的手下西涅阿斯问："然后呢？""然后继续攻打小亚细亚，就是阿拉伯地区。""然后呢？""继续向印度进攻。""印度之后呢？""啊！"皮洛士感叹道，"打完印度我就休息了。""如果这样的话，您为什么不从现在就开始休息呢？"西涅阿斯回复道。

2500 年过去了，如今在商学院的课堂里也会听到类似的故事。朱利安是一个快乐的渔夫，住在加勒比海的一个小镇上。他是熟知各种虾类的专家。每天早上他出海捕虾，然后去市场出售，卖完就回家陪孩子们一起玩，在太阳底下弹一会吉他。到了下午，他和好友聚会，聊天说笑，再玩一会儿牌。一天，一位前来度假的管理学专家听说了朱利安是捕虾专家，于是向他提出了一个商业计划。"您应该尽可能捕更多的龙虾，贷款去多买几艘船。然后您再将生意做到迈阿密去，那里能挣到更多的钱。情况好了之后，就可以接管整个龙虾市场，利润雪球越滚越大，然后将船派到世界其他渔场去捕捞龙虾。等公司实力强大以后，就可以公开上市，成为真正的富豪。"朱利安静静地听管理专家说完，然后问道："上市之后呢，我还要干什么？"专家说："想做什么做什么！在这里生活，白天出去钓鱼，和家人共享天伦之乐，和朋友开心聚会……""但是我现在已经拥有了您所说的一切。"

乌斯贝克对这些例子很感兴趣，因为皮洛士和管理专家是人类贪婪欲望的代表。他们希望扩张一切可能性，感受到无限权力，不断自我膨胀。对于很多人来说，他们能感到自己的价值，那是他们的幸福中最明确的内容。乌斯贝克想起20 世纪著名经济学家格林斯潘一个非常有名的术语："非理性繁荣"。它认为这个术语适用于所有的人类活动。

对于权力的渴望很可能在群居动物的等级体系中已经存在了。阿尔法雄性动物就享有一些特权，而人类将这些特权扩展并完善，发展到了令人惊讶的极限。瑜伽士历经多年的苦练才能实现精神上的自由。田径运动员进行艰苦训练就为了打破纪录。人类远古时期的祖先就有过数不清的例子。在土耳其发现了令人叹为观止的纪念柱，每根石柱上雕刻着精美的图案，重达7吨，高5米。经鉴定，这些石柱建于9500年前。6000年前，在英国、爱尔兰和世界其他地方也出现了类似的石柱，其中英国的石柱纪念碑重达348吨。是对什么的渴望促成了这种壮观景象的出现？也许是人类对于促进团结与合作的渴望，也许这些石柱有其宗教作用。但乌斯贝克怀疑，在这项艰苦工程的背后是人类对于扩张其权力的欲望在驱动着，这种欲望恰恰是驱动人类进化的最伟大的力量之一。乌斯贝克最喜爱的哲学家斯宾诺莎写道："当人们能够证实自己的力量时，他们会感到高兴。"很多现象证实了这句话的正确性：我们看到人类被欲望驱使，渴

图解智力简史

望得到更多，渴望变得更强，渴望了解更多……这种特点可以用奥林匹克格言来概括：citius, altius, fortius（更快，更高，更强）。登山者的想象完美地诠释了这种令人难以理解的渴望。他们想到达最高的山峰。他们做到了。现在，通过一条最艰难的路线。他们做到了。现在，向着十一座八千多米的山峰出发。他们做到了。现在，没有氧气辅助。他们做到了。现在，没有路线，自由攀登。他们还是做到了。全世界的孩子都会对妈妈说："妈妈，快看我做成了什么！"基督教神学家们将人类大脑这种永不满足的现象解释为一种症状，认为只有上帝的无所不能才能满足其无限的渴望。历史学家赫拉利认为，曾经长期威胁人类生存和发展的瘟疫、饥荒和战争已经被攻克，人类必须寻找新的议题以便其能力有发挥的余地。于是他提出三件挑战：永生不老、幸福快乐和成为"神仙"。

这种扩张的欲望将把人类——至少是人类当中最具代表性的一群人——引入努力"超越自我"的思维当中。"超越自我"，这个词让乌斯贝克感到迷惑。"超越"的意思是越过另一个人，冲到他的前面去，在比赛中将其打败。但是"超越"的对象是自己，这就很有意思了。这说明一个人在和自己竞争，要冲到自己的前面去。我也觉得这种说法很有意思，而乌斯贝克的记忆库不断地在提供相关的例子：

—虔诚的圣徒圣布埃纳文图拉说过，任何人，如果"Nisi supra seipsum ascendat（没有能力提升自己）"，那都将是失败者。

—尼采让查拉图斯特拉说出："我看到我在自己的下面。"

—杰出的教授让·瓦尔站在索邦大学古老的教室中说道："我们一直跑在自己的前面。"

—圣艾修伯里的一位修者在遭遇事故之后，历经极限状态成功穿越安第斯山脉，事后他自豪地表示："我所做的事连动物都不能做到。"

—动物追求简单，人类追求困难。——托马斯·阿奎纳

　　在许多人类超越自我的行为深处，都有一种非理性的冲动驱使着。1914 年，欧内斯特·沙克尔顿在召集队员进行南极探险活动时，他发布的征集广告内容如下："召集男性一同进行危险的旅行。薪资低，需要在极度寒冷和完全黑暗的环境中度过数月，期间可能遇到持续不断的危险，成功返还的概率很小。但如果获得成功，则能获得荣誉和认可。"广告一经登出就有 5000 人应征，最后沙克尔顿从中选出了 27 人成为"耐力号"探险船的成员。人类遥远的祖先，来自大洋洲的拉皮特人征服了整个太平洋，这是令人非常惊讶的事实，因为太平洋上的岛屿都很小，星罗棋布地分散在海上，这些小岛之间都保持一段距离，从任何岛看出去都望不到其他岛。没有人知道地平线以外是否存在其他的陆地，但是他们还是选择了出征。也许驱使他们航行的就是修昔底德所说的"对于启航的爱"。

　　我发现人类学家对这种强大的冲动感到困惑。史前研究专家马塞尔·奥特认为，人类的特征之一是普罗米修斯似的

对征服自然和增强自身力量的渴望："人类命运的关键是对超越束缚的永恒渴望，这种渴望源自人类生理特点，源自其他社会，也源自人类本身的历史。"乌斯贝克意识到，这种对统治永不满足的渴望，也让很多人类感到不安。东方哲学家，尤其是来自佛教和儒家的哲学家，提倡人类应对欲望进行克制。古希腊人也有同样的想法，他们认为 hybris，也就是自大膨胀，会导致疯狂。斯多葛学派的哲学家们提倡对欲望要有节制，他们认为如果拥有过多欲望会产生不满足或者不公平的情况。基督教也对自大和野心进行批评，他们宣扬谦卑的态度。莎士比亚参透了人类权力迷宫的门道，他写道："具备巨人的力量，是件美好的事；然而将那样的力量，以巨人的方式使用出来，却是件多么残暴的事！"乌斯贝克这时产生了疑问，巨人又应该用什么样的方法去使用自己的力量呢？

对权力产生迷恋总是伴随着对有权者产生恐惧。乌斯贝克对这种互补情感的产生过程特别感兴趣。比如说，之前我们看到的人类对正义的渴望也是一种互补情感。又比如共情的能力，这是人类所独有的情感。乌斯贝克决定继续就上述内容展开研究。

乌斯贝克将"精神"一词定义为人类这种非常聪明的动物所拥有的一种能力。这种能力可以让人创造出更多超越其自然属性的可能性。乌斯贝克的记忆网络被激活。凯尤斯·朱利乌斯·莱瑟在阿尔坎塔拉大桥上刻下了这样一句话："Ars ubi materia vincitur ipsa sua（这是物质征服其自身的一种艺术）"。他所指的是建筑这种艺术，但是乌斯贝克套用这句话来形容人类的智力：这是神经物质超越其自身的一种力量，这种力量可以创造出虚幻、符号、故事、神话和神灵……智力活动是将物质转化为精神的活动。正因为如此，它看起来就像魔法一样神奇。它让人类在追求生理快感的同时也在寻求精神上的快乐。

乌斯贝克笃定地认为，智力的发展取决于人类象征能力的发展，取决于人类通过超现实内容来知道现实行动的能力，这些超现实内容包括大脑的预期、想象、梦境和规划……人类通过这些超现实内容引诱自己脱离现实，将自己与欲望、需求以及不够明确的期望交织在一起，然后为之付诸行动。

推文 35：

我们的历史表明了物质的本质就是想要超越自己

图解智力简史

乌斯贝克对人类在历史长河中不断重复发生的行为十分重视，它认为人类对乌托邦的坚持意义深远，人们想要创造的这种幸福的社会模式其实并不存在，但又让人燃起希望，产生无穷动力。这种虚无缥缈（通常又模糊不清）的存在，正好契合了人类在迫切地达到一个目标之后发出的失望的疑问："然后呢？"人类是无法感到满足的，他们不是可以轻易倒满的杯子；人类的特质就是要超越已经拥有的一切。人类最圆满的阶段总是在过去，正如诗人保罗·瓦莱里所说："未来总是有一个空缺"。人类是一个计划性的产物，未来他的幸福和快乐只能通过计划来实现。一个人在获得一大笔财富之后立刻想要的是要再获得一笔财富。帕斯卡尔说得很对："猎人最感兴趣的不是野兔，而是狩猎本身。"（西蒙妮·波伏娃）而计划性的事情从来都是虚构的，人类总是被虚构的非现实所驱动。

乌斯贝克觉得对共同进化的讨论是一种简化的研究过程，这让它感到恼火。它想研究的是心理学和文化的相互交融，是个人智力和社会智力的相互交融。它想弄清楚精神动物的智力是如何扩大、调节、犯错并得到改正的。它想走进人类追求幸福的历史中去。现在对人类的生物学研究已经相当透彻，它想继续研究其历史进化过程。我可以先预告一下乌斯贝克确定的人类进化过程中产生的三个重大转折，它将这三个转折称为"轴向转变"，因为它们好比是历史发展的轴心，并且为人类提供了全新的发展可能。这三个转折分别是：从游牧生活到城市生活的转变，伟大宗教的出现和理性时代的到来。

思维地图5

5 共同进化史

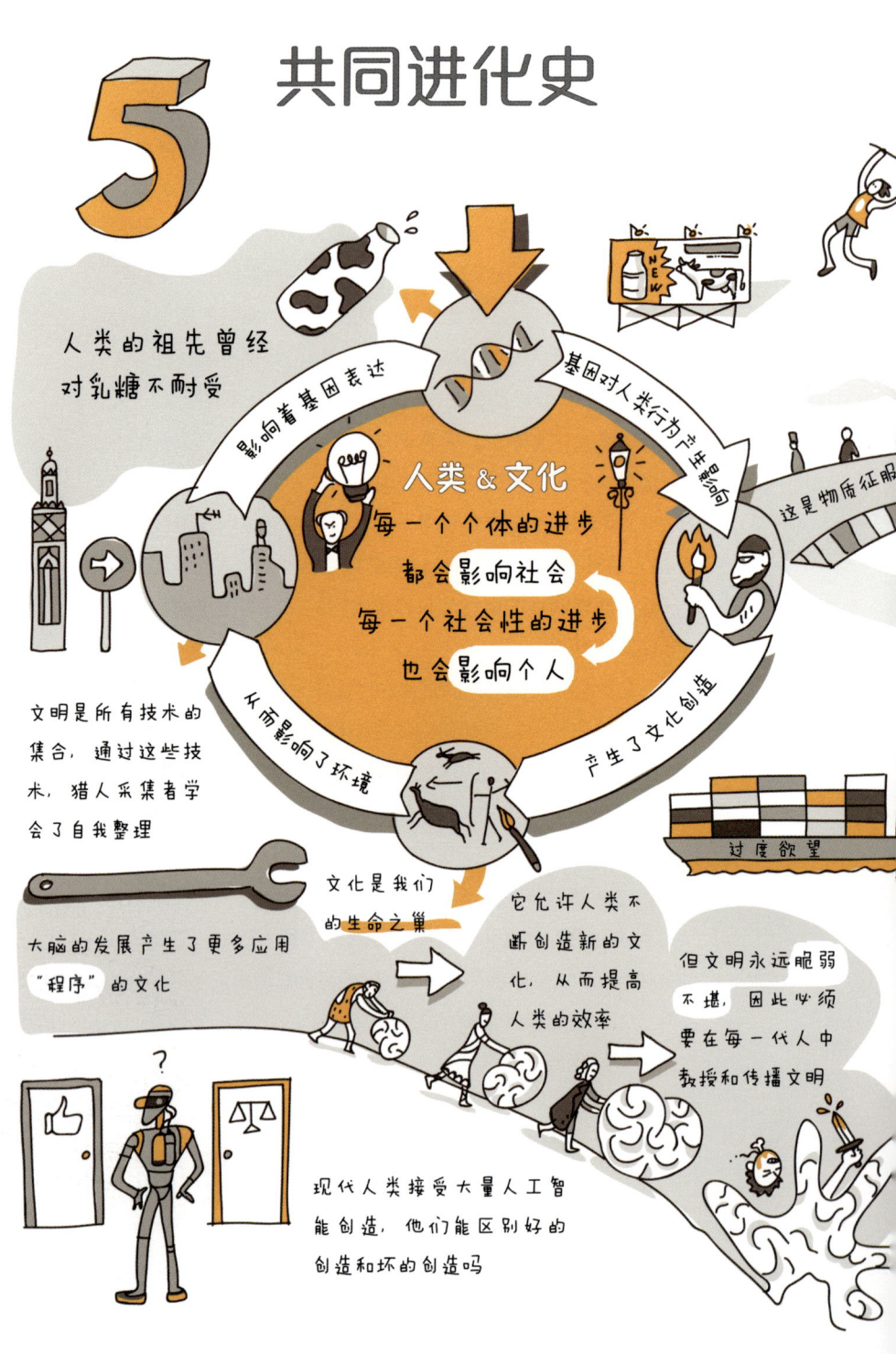

人类的祖先曾经对乳糖不耐受

影响着基因表达

基因对人类行为产生影响

这是物质征服

人类 & 文化
每一个个体的进步
都会影响社会
每一个社会性的进步
也会影响个人

文明是所有技术的集合，通过这些技术，猎人采集者学会了自我整理

从而影响了环境

产生了文化创造

过度欲望

文化是我们的生命之巢

它允许人类不断创造新的文化，从而提高人类的效率

但文明永远脆弱不堪，因此必须要在每一代人中教授和传播文明

大脑的发展产生了更多应用"程序"的文化

?

现代人类接受大量人工智能创造，他们能区别好的创造和坏的创造吗

- 生理上的奖励
- 由社会交往引起的奖励
- 以及因自身可能性增加而获得的奖励

追求幸福的历史既是人类基本需求得到满足的历史，也是人类得到心中期待奖励的历史，这些奖励在人类眼中又分为三种

人类对于权力的欲望是人类历史发展进程中最重要的推进器之一

人类产生需求的意识

自身的一种艺术

对一种奖励产生期待，受到嘉奖的行为会被重复，而受到惩罚的行为则会被抑制

灵长类动物与人类在最基本的情感上有共性

不同的文化对于相同的感情创造了不同的奖励

人类的秘密在于产生欲望和情绪的源头，而欲望和情绪又是人类行为产生的源头

人类感受到自己的价值对他们来说＝非常重要＝

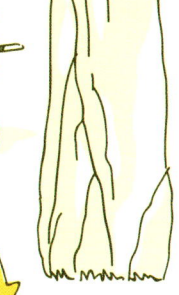

阿尔法

雄性动物

人类将这种情感发展到极致

努力去超越自我

日本社会强调一种相互依存的社会关系，叫作

AMAE

（娇宠）

西方崇尚自我，强调个人主义，有竞争性和好胜心

希腊人认为"Hybris"状态让人陷入疯狂

然后呢

A
Estacion
雨季

与偏瞳蔽眼蝶根据季节选择自身颜色的原理一样，人类的情感也可以根据文化环境的不同而变化

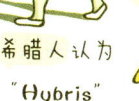
B
雨季

佛教提倡节制欲望

第一次轴心时代

从狩猎者到文明人

推文 36:

生成智力的非理性繁荣让我们得以飞翔

大约 9 万年前，我们的祖先离开了非洲，在整个地球上扎根。正如西伯利亚人所说，人类走出非洲也许是出于"对野生驯鹿的向往"。人类祖先当时已经被塑造成一个新物种，遇到了一个比他们更早出现但并不先进的人种：尼安德特人。这两个人种共同生活了数千年，彼此之间产生交集。最后尼安德特人灭绝了，但在人类基因组中留下了 5% 的印记。乌斯贝克希望利用人类学家和考古学家提供的信息来针对人类智力发展史进行更加细致的研究。它提出的研究假设是，原始人类是受大脑生成智力的支配，也就是说，其行为受到大脑内部先天存在和后天学到的程序的指导而发生。因为这些程序的存在，原始人类拥有高超的联想和模仿能力，从而不断产生关于现实的或忠实或虚幻的表象，但是人类也许并不知道如何区分现实与虚幻。孩子们也会有同样的经历，对他们来说，噩梦与现实之间的界限非常模糊。以上这些例子用现在的术语都可以被归纳到"意识改变状态"中。在乌斯贝克看来，之后诞生的"宗教"就源于某种强有

图解智力简史

力的生成智力。也有可能是由于使用致幻药、感觉丧失、饥饿、疼痛、节奏、舞蹈、绝对注意力或者某些病理状态等原因所引起的。乌斯贝克仔细查询了有关古代萨满教的研究，结果表明相关内容在世界各处的偏远地区非常相似。这让乌斯贝克想到各地的萨满教可能在本质上都是从内部产生的。乌斯贝克仿佛看到了一幅统一又令人迷惑的画面，它感到震惊。

 米尔恰·埃里亚德写道："所有人都认为萨满和巫师拥有飞翔的能力，他们可以瞬间穿越无数空间。"
琼·哈利法克斯补充道："萨满鸟人可以上天入地，可以来到世界边缘，去往冥界深处，遁入充满灵魂的湖泊和海洋。"

在许多文化中，古老的宇宙学都创造了一个分层的世界。天界、地上世界和地下世界，邪恶的人都住在地下世界，那里是死人的国度。现在的 !kung 族人（非洲南部喀拉哈里沙漠盆地的桑族成员）、亚马孙丛林的皮洛人以及非洲博茨瓦纳的桑族人都认为萨满的"出神"状态代表了真正的死亡，唯一不同的是萨满可以回神复活。但是他的灵魂有可能在脱离其肉身后自由飞翔，不再回来，也可能被其他的灵魂捕获。

一些考古学家试图从族群所处环境的角度去解释这些巧合，但是乌斯贝克认为它们都源于人类智力自身的创造，智力的这种"非理性繁荣"发展阶段让乌斯贝克感到非常惊讶。许多研究人员和乌斯贝克的观点是一致的。克劳德·列维·斯特劳斯认为，在不同文化的神话中出现的具有相似性的故事是因为虽然各地的文化不尽相同，但是人们的大脑结构却是相似的。戴维·刘易斯·威廉姆斯和戴维·皮尔斯认为，新时代的文化应该通过神经病学的角度进行研究，而不是通过环境影响的角度去研究。生成智力的作用是让人类将其大脑产生的各种想法和大自然的各种想象相联系，然后赋予这些大脑创造不一样的意义。

乌斯贝克觉得人类智力的进化史是建立在生成智力的不断更新和重新设计的基础之上的。语言的产生就是一个有力证据。在人类历史长河中，人类不断地扩大其自我控制的能力和种类。之前我们将大脑比作手机，随着人类的大脑逐步安装了更多的程序，其中负责中心控制的"超级程序"也相应地变得更加强大，因为这个程序需要控制生成智力的所有操作。人类在其智力发展史中理应也发现了这个令人激动的过程。

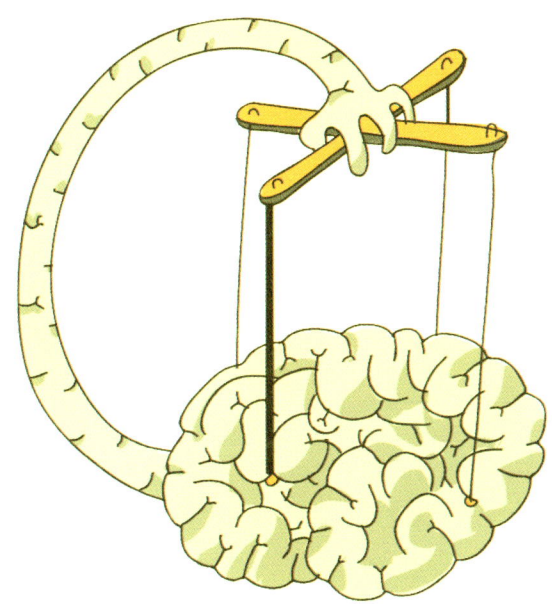

让我们再说回原始人类。这个新物种的独特之处在于一直在压迫自己的认知智力和情绪智力。他们同样还是群居动物，只不过拥有独一无二的特征。其他灵长类动物的性生活是有间隔的，猩猩每五年进行一次交配，而后完成生育过程，大猩猩和黑猩猩则需要三至六年。然而，人类女性在非生育期也可以进行性交，因此这期间的行为不再具有生殖功能。除此之外，人类不存在发情期，也就是不能自我检测到排卵的时刻。人种学家提出，这种改变之所以被选择，是因为保持有频率的性生活利于保持伴侣之间稳固的关系，更加便于养育后代。

人类的进化不仅体现在新的智力发展上，还体现在新的情感发展上。乌斯贝克此刻的兴趣焦点正集中在后者身上。在佐治亚州德马尼西一个有着 180 万年历史的遗址上，发现了一名成年人的遗骸，这具遗骸的主人

推文 37：
大脑创造的同情心可以用来救命

图解智力简史

在死亡前多年只剩下一颗牙齿。这意味着当时这个人周围的其他成员需要给他喂食以保证其营养，这种现象在动物世界是不存在的（P. 斯派金思，《同情心使我们成为人类》，Pen and Sword Book 出版社，Barnsley，2015 年）。神经学家认为这是母亲与孩子之间先天情感纽带的延伸，因为养育孩子是一种与催产素有关的行为，催产素可以唤醒共情和同情。另外，人类与宠物相处过程中催产素也会增加。乌斯贝克得出的结论是，人脑能够扩展和改变其行为，与原本并不存在的元素产生关联。例如，人脑会将照顾自己的孩子和照顾一个成年人这两种行为联系起来。乌斯贝克甚至认为这可能是成年人之间爱情关系的起源。人脑可能是将男女交往这种很普通的行为与亲子关系联系在一起，从而产生了一种非常私人的情感。如果是这样的话，那就很好理解为什么恋爱中的男女会用儿语互相说出亲密的话语。

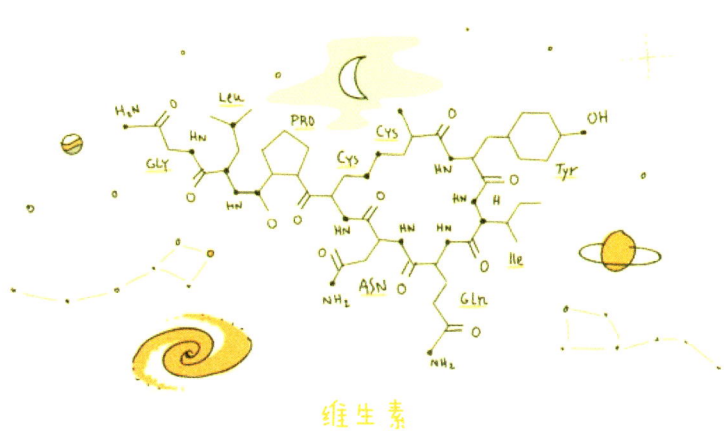

维生素

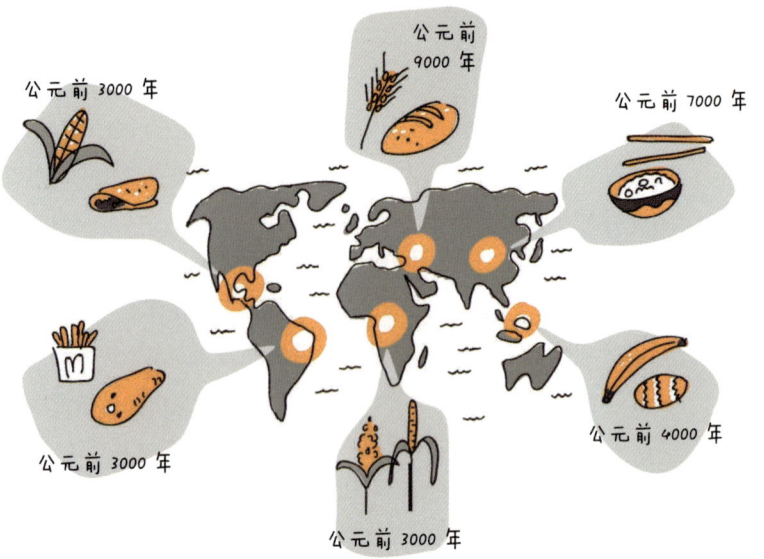

公元前 9000 年

公元前 3000 年

公元前 7000 年

公元前 3000 年

公元前 3000 年

公元前 4000 年

　　大约在一万年前，人类一直是游牧民族，但是出于对美好生活的向往，对幸福的向往，他们决定安定下来，耕作农田，安居乐业。这是人类历史上最重要的一个转变，乌斯贝克将其命名为"第一个轴心时代"。但是到底是什么导致这种变化发生，这在考古学家之间还存在着争论。是宗教信仰的转变还是进食方式的转变？宗教还是农业？乌斯贝克再次提出这个已经思考了无数遍的问题：是大脑改变了文化还是文化改变了大脑？是人类创造了艺术还是艺术创造了人类？是人类创造了宗教还是宗教创造了人类？两者相互交织的进化过程，如同一个螺旋而上的循环，给我们提供了答案。在土耳其一个名叫Göbekli Tepe 的小村庄里，考古人士没有发现房屋的痕迹，但是却发现了一些宗教建筑遗迹。他们在村子附近发现了一些证据，表明那里是农业的发祥地之一。研究人员得出结论，曾经有一群为数不少的古人类在那里聚集，出于某种宗教目的，这群人产生了耕种土地的想法。当时的情景并不是某个人在某个时刻突然得到了灵感，因此决定成为农民开始种地。乌斯贝克认为，这可以算作计算机科学家所说的"蚂蚁算法"的一个案例。计算机科学家对蚂蚁如何寻找食物进行了研究。蚂蚁们随机去寻找食物，如果找到，就会返回蚁穴，同时留下一连串的信息素。当另一只蚂蚁获得这个信息，便能够顺着线索找到食物。随着信息素在短时间内消散，较短路径的信息素就比其他路径的信息素传播得更快更广。因此，乌斯贝克假设有人开始播种种子并等待观察结果，而其他许多人也会跟着做，因为他们看到了有利的结果，之后这种行为就逐渐稳定了下来。人类是模仿的专家。农业在世界上至少六个不同的地方单独产生，而且在每个地方，人们都会利用当地植物的自身优势让其在自然情况下发芽生长。在美索不达米亚平原出产了谷物和小扁豆（公元前9000 年）；在中国出产了大米、小米和大豆（公元前 7000 年）；在墨西哥出产了玉米和豆类（公元前 3000 年）；在南美出产了番薯和马铃薯（公元前 3000 年）；在新几内亚出产了芋头和香蕉（公元前 4000 年），在撒哈拉以南的非洲出产了高粱和小米（公元前 3000 年）。

乌斯贝克见证了一连串人类大事件的发生，这些事情的影响到现在都还未消散殆尽。人类历史上首次出现了粮食产量高于消费量的情况，也就是说，出现了粮食剩余，随之应运而生的是财产、商业、劳动分工、对保护的需要和保护人的出现，后者对前者征收保护费等一系列现象。人口开始向大型村庄集中，之后再向城市发展。之前的人类大约生活在百来人的团体中，现在他们必须学会在更大的群体里中生活，因此也需要人类对自己的思考、感知和行为的方式进行重新整理。学会与陌生人开展合作是一个巨大的变化。我们的灵长类祖先从未通过合作抬起一根树干或者进行其他的任务（托马塞洛）。新的想法和创造不断涌现，控制体系的出现变得尤为必要。因此就诞生了我们之前讲到过的人类第一批立法体系。制定规则意味着对生成智力进行控制，在脑内建立一个强大"海关系统"，目的是阻止将冲动的想法付诸行动。城市的出现给人类发展创造了更加有利的条件，为其提供了一个全新的思考和感知的方式。我们所了解的最古老的文学

著作《吉尔伽美什史诗》里准确地描述了人类从游牧生活到城市生活的转变。乌鲁克国王吉尔伽美什是一位专制的君主。为了惩罚他的暴行，众神创造了恩奇都，让他在丛林中与动物一同生长。一日，一名女性鼓励恩奇都去往国王所在的城市，在那儿和国王进行一番对抗。恩奇都与吉尔伽美什之间的对抗代表了野蛮与文明之间的对抗，也是自然与文化的对抗。最后，吉尔伽美什赢得了战斗。

公元前 8500 年的耶利哥城是人类最古老的城市之一，当时就有三千多人居住在那里，整个城市四周城墙围绕。在美索不达米亚的城市中，宫殿和庙宇尤为突出，分别代表着两股掌控人类的强大力量。这两股势力都通过编纂伟大的故事逐渐使自己合理化。人类凭借其大脑的象征能力对很多事物进行了叙述，通过这些叙述人们得以平心静气，互相协作，保持凝聚力，让法律变得更加合理……甚至包括修改刑法，以用来惩罚某些特定的行为。

但是乌斯贝克认为仅仅有法律是不够的，必须创造新的情感。同一个蚁穴中的蚂蚁可以为了同伴自动做出牺牲。黄球白蚁中的兵蚁都是自杀型蚂蚁，它们就像移动的炸弹，在其后背的两个腺体中含有带有腐蚀性的液体。当敌人在场时，这些蚂蚁会像"神风敢死队"或者恐怖分子一样进行自杀式袭击。但是人类的大脑和反思性思考让人类可以决定自己是否愿意为整个社会做出牺牲。乌斯贝克认为可以将人类城市看作一个蚁穴，其中的蚂蚁都具有康德式思维，想要捍卫自己的自治权。因此出现了一个让乌斯贝克特别感兴趣的问题，因为在它的文明里也有相同的问题。这个问题就是个人与社会的关系问题。在蚂蚁的世界里，集体高于一切。那么，在一个部落、一个城市甚至一个国家里呢？

人类聚集在更大的集体中，因为大集体有很多好处：安全、可做的事情更多，因为在大型集体中更加鼓励其进行创造。米歇尔·克莱恩和罗伯特·博伊德在大洋洲的岛屿上运用经验法对人口规模与工具种类的关系进行了研究。结果发现两者是密切相关的（罗伯特·博伊德，《人类的价值》，Anaya多媒体出版社，马德里，2018，第60页）。乌斯贝克证实了在石器时代中出现的所有社会体系都有两个共同的特征：第一个特征是小集体；第二个特征是在其社会体制中不存在任何值得积极努力的事情。它查阅到亚马孙丛林里的Kuikuros部落，Kuikuro人靠着在雨林里种植木薯为生。经历了几个世纪，木薯的产量只翻了一到两倍，kuikuro人更愿意把时间用在休闲玩乐上。然而，当欧洲人带着大量的物品到达美洲跟当地人进行交易后，木薯的产量就开始猛增。kuikuro人之前不愿意付出更多的劳动去种植木薯，因为他们觉得没有什么值得自己努力争取的东西。但是欧洲人带来的东西激发了他们的劳动热情，他们被奖励吸引了。城市这种有组织的集体模式是各种奖励的最佳创造者，而奖励是行为的推动器。人类文化的巨大成就，甚至可以说最可怕的成就，在于让人类以分工协作的方式共同进行劳作。乌斯贝克发现，当今的人类发明了一种强大的策略来刺激人产生欲望，这种策略叫作"广告"，它的作用是告诉人们如果购买宣传的商品就可能得到相应的奖励。

为祖国

捐躯是甜美与光荣的

　　乌斯贝克知道有一位名叫理查德·道金斯的生物学家因研究"人类自私基因"而闻名，它也将人类的进化过程视为个人或家庭的自我发展与社会合作之间的斗争。这种斗争造成的紧张局势从未完全得到解决，在这个过程中出现的"利他主义"成为最佳解决方案，它鼓励人类进行合作，但前提是合作可以带来一定的补偿。这种对收益和付出的计算带来了一个后果，就是当财产分配被认为是不公正的时候，人类大脑就会相应产生"不公正"这个概念。孩子们很早就体会到"不公正"的概念，很可能是因为他们本身就是进化选择的结果。

　　但在某些情况下，人们必须放弃某些利益，因为城市集体要求人们做出牺牲，甚至献出生命。由于人并不会自然而然地为了家人以外的人牺牲，那么想要人类出牺牲就不仅需要建立强大的强制性制度，还要建立情感和道德体系，才能让人理解拉丁文谚语" Dulce et decorum est pro patria mori（为祖国捐躯是甜美与光

推文 40：

人类都是利他主义者

荣的）"想表达的意思。乌斯贝克从这种慷慨的行为中体会到两种强烈的情感。首先是认同感，认为自己是集体或城市的一分子；其次是名誉感，名留青史是至高无上的荣耀。

从图腾的产生开始，人类对集体身份的认同已经有了起源。乌斯贝克研究了图腾文化。在它看来，这是人类智力的巨大飞跃，代表一种反思的态度。人类对自己的社会特征进行思考，决定采用分类的方式将其进行划分，而且分类的根据完全是人为创造的。复杂的家庭关系就是一个鲜明的例子。人们首先会想到其他人、其他事，但是最终还是会想到自己身上。对于"我是谁？"这个问题，人们首先会回答：我是大熊部落的一员。之后，是罗马的市民。是一个基督徒。是一名穆斯林。是雅利安人。也就是说，我将自己融入不同的环境中。城市让这种归属感更加明了、更加强烈。

 乌斯贝克在伟大的希腊历史学家修昔底德的著作中发现了极有价值的例子：伯利克里在思考如果建设雅典。他的基本诉求是为这座城市带来荣耀，而只有通过增加自己的能力才能实现这个诉求。伯利克里提倡对雅典全身心的奉献。他对雅典的同胞说："你们应该捍卫雅典城的荣耀，这个荣耀来自你们都为之骄傲的伟大帝国。"

城市的优势和霸权必须通过不断扩大的统治权才能实现，从而被世人认可。因此，雅典城想要获得永不磨灭的荣耀，势必一直与扩张和战争息息相关。

7.16 亿

就这样，人类的熊熊野心、对权力的渴望、对扩张的需求，这些个人特征为城市做出了贡献，之后也为帝国、王国和民族做出了贡献。名誉、荣耀和声望本是人类寻求的特质，但后来却成了一个城市需要追求的特质。为此，鼓励、加强甚至逼迫民众进行合作变得尤为重要。"声望"是推动行为的有效工具。"在古希腊这样的文化中，每个人的存在都与他人以及他人眼中所看到的东西息息相关。一个人的声誉越广，那么他的个人特质基础就越牢固。真正的死亡是遗忘，是沉默，是不体面，是失去名望"（JP Vernant，《古希腊的个人，死亡和爱情》，Paidós Ibérica，巴塞罗那，2001，第56页）。相反，一个人，无论生死，他的存在甚至不朽，都取决于社会是否认可他，与荣誉或者尊重息息相关……一个人如果在战斗中献出了生命，那代表他获得了至高无上的荣耀，这位英雄就

推文 41：

人类醉心于权利与荣耀

158

图解智力简史

作为独立的存在被铭刻在大众的记忆中，所有人都记得这位英雄，死亡也无法改变他传奇的一生。

这一次是我给乌斯贝克提供了信息。马克·李里认为人类有自尊的深刻需求对人类进化过程没有什么意义，他提出了一个方案。千百万年来，我们的人类祖先都需要倚靠自己的能力去博取小团体的信任，让别人接纳自己，因此人类本能地想让别人把自己往好的方向想。而自尊，实际上就是这种印象的内部指征(M.R.李里《自我诅咒、自我自由、自我主义和人类生活质量》，牛津大学出版社，牛津，2004)。我们人类渴望得到左邻右舍的肯定。

乌斯贝克相信，它可以将所有文明创建之初追求名望的英雄时代做一个概括。吉尔伽美什也是代表人物之一。他当时显然为了追求不朽的名望，决定去往雪松林，在那儿与树林的保护者——可怕的巨人芬巴巴——决一死战。"如果我失败了，至少我能为自己博得好名声！人们会说：吉尔伽美什与凶猛的巨人芬巴巴英勇战斗过！"(《吉尔伽美什史诗》，第三泥板块，耶鲁大学，Column IV，第13~15节)

声望的存在能够让人坦然面对死亡的黑暗深渊。没有什么比羞愧更可怕的。《伊利亚特》中反复歌颂英雄的理想："始终脱颖而出，始终跃于人上。"（《伊利亚特》，VI 208）这种思维也导致了一些十分荒诞的行为，例如太平洋西北海岸的美洲原住民部落的波特拉齐（potlatch）夸富宴，在此盛宴上，人们将赠与的财产销毁，以展示财富或提高声望。

乌斯贝克已经明白，文化为大脑提供了一系列工具来帮助大脑解决问题。有一些社会可以比其他社会提供更多的资源。克拉哈里沙漠的当地人仅限于采集食物和进行狩猎，他们的词汇量大概只有 80 个单词，交流方式主要依赖肢体和手势，这让他们在黑暗中难以交流。还有一些文化是非图形文化，于是就丧失了写作这个巨大的信息交流渠道。进化学心理学家认为，现在所有孩子都拥有处理数字的能力，其获得方法与他们获得语言能力的方法相似，但是在原始文化中，处理数字的能力并没有得到充分发展。

推文 42：

您 的 大 部 分 智 力
来 自 大 脑 之 外

 耶鲁大学的克莱尔·鲍恩和贾森·曾茨最近对 189 种澳大利亚土著语言进行了一项研究，结果显示其中近 75% 的语言中对数字的表示最多只能到"三"

图解智力简史

或者"四"。在研究了全世界200种狩猎者的语言之后，他们发现这些语言中的绝大部分对数字最多只能表示到"五"，比"五"再大的数字都只是用"很多"来表示。丹尼尔·埃弗里特对亚马孙部落的皮拉哈斯人的研究也得出了相同的结论。皮拉哈斯人无法理解数量这个抽象概念，他们只用两个词来表示数量，"很少或小"和"很多或大"。即使在具有数学概念的文化中，"零"的概念也是经过很长时间才被创造出来，没有"零"这个概念，就没有办法进行十进制计算，也就是将"零"放在任何数字后面就代表这个数字的十倍。因此，文化和智力的进化是同步进行的。城市，作为更大的团体，变成了更加有效的社会集体智力。文字、数学、科学和法律体系在城市中出现，是人类智力进行创造的结果，但同时也是人类智力的扩大器。（R.E.努涅斯，《数字认知的文化起源》，思想&大脑期刊，2019年1月）

乌斯贝克之前一直认为，人类想方设法想要测量个人智力，却没有想去测量社会的智力，这感觉有点矛盾。在乌斯贝克的文明中确实有针对社会智力进行的智力测验，但是它也不知道那些测验是否适用于人类社会。一些支持无知、狂热、偏见或者将"情感模式"和"理性模式"混淆使用的文化在乌斯贝克看来是不太智能的文化。在地球上，曾经有过一些非智能的文化。以复活节岛上的文化为例，由于该文化所属成员不懂得如何处理与自然的关系，因此这种文化最后消失了。再比如人类学家玛格丽特·米德研究的蒙杜古莫部落，他们整个文化旨在让人从小就习惯处于不舒适的状态，永远保持侵略性，甚至在他们的家庭内部都要培养仇恨的心态。

在当地部落的每个大家庭里，父亲和母亲按子女出生顺序交替组合成两个小家庭。父亲的家庭由大女儿、二儿子、三女儿（以此类推）组成，母亲的家庭由大儿子、二女儿、三儿子（以此类推）组成。当地唯一的结婚方式是用家里的女孩换其女孩，且只有父亲有权将女儿换出去以娶到更多的妻子，因此如果儿子想要尽早结婚，就自然希望父亲早日死去。这种内部攻击性是对错误信仰的合理反应。蒙杜古莫人认为世界是邪恶的，因此他们永远对外界保持警惕，面对来自敌人、灵魂以及自然的侵略随时做好抵抗的准备。

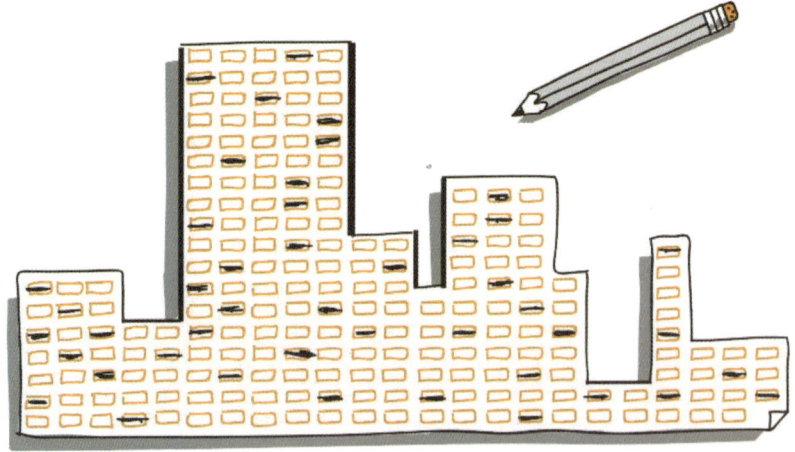

我是由自己和周围
环境组成的。如果
我救不了周围的环
境，那我也救不了
自己

乌斯贝克找到了一些与我们现在更加接近的例子。在美第奇家族的统治下，佛罗伦萨这种城市成了当时天才的聚集地。也正是因为如此，人们将社会（城市）环境对创造性人才的出现产生的影响称为"美第奇效应"。乌斯贝克认为任何新的想法不是凭空出现的，而是建立在某个已经存在的想法基础上产生的。每个人都可以拥有创新的想法，但是这些想法必须被他们的文化认可才能实现。比如研究人员在对阿拉伯部落的思维模式进行研究时惊讶地发现，在当地文化中对未来进行想象是非常困难的。如果对当地人提出"如果你搬去城市生活你会做什么？"这个问题，当地人只会一次又一次地回答："我永远不会搬去城市。"

人类很多的创新来源于大脑之间密集的互动。多种文化的进化已经证实，城市越大，它为创新打造的基础就越牢固，而在众多大城市中，那些具有轻松、有趣的人际关系，并且可以提供更多文化资源的城市显得更为突出。

在《歌德谈话录》中，有一段关于歌德同埃克曼说到法国物理学家安培来到德国魏玛的内容。在得知电磁发现者安培只是"一个二十多岁的活泼的年轻人"时，埃克曼表示自己感到惊讶不已。歌德对他说（1827年5月3日）："对您来说，培养成才是很难的一件事，因为在德国中部我们必须通过非常艰苦的学习才能积累到如今我们掌握的知识。在内心深处，我们过着孤独又贫穷的生活。在这个村子里我们没看到多少文化的影子，我们国家的人才分散在整个德国境内。但是请想象一个像巴黎那样的大都市，一个国家最杰出的人才都聚集在一起互相交流、互相学习，在每一次交流、辩论和思想碰撞中不断提升自己。在那里，普通民众也能接触最前沿的自然科学和艺术，全世界最好的东西都在那里。现在您应该理解了为什么在那样百花齐放的环境中会出现像安培一样的天才，在24岁的年纪就已经做出了一番成就。"

乌斯贝克在它的问题附件中写道："如果去检测一下我们所在文明的社会智商，结果会不会显示我们的文明已经停滞不前很久了呢？"

图解智力简史

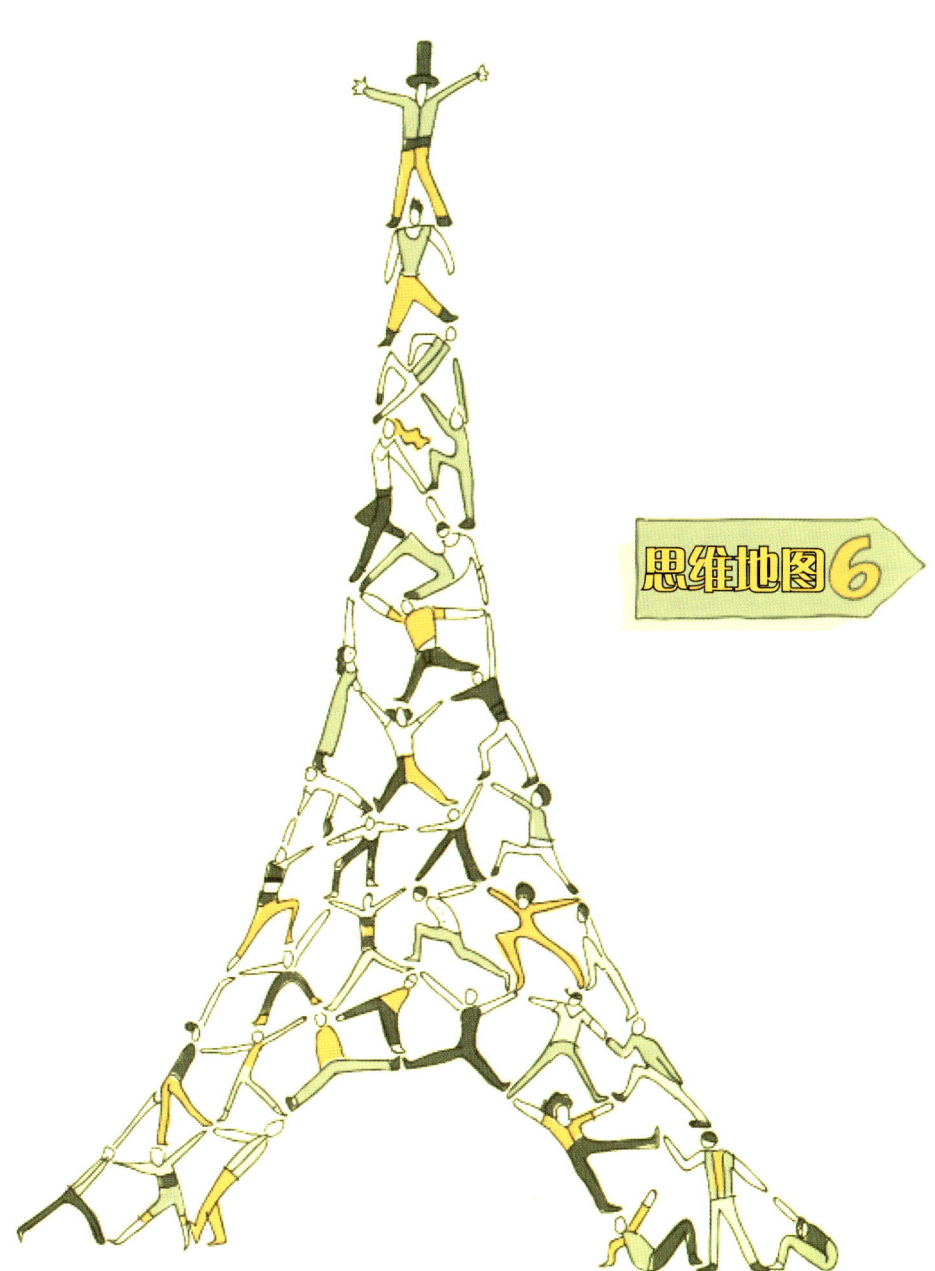

思维地图6

6

从狩猎者 到 文明人

大约 90000 年前，我们的祖先离开了非洲，在整个地球上扎根

当时的人类是受大脑生成智力支配的

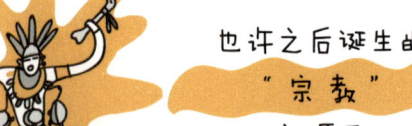

人类当时还不知道如何区分现实与虚幻

也许之后诞生的"宗教"就源于某种强有力的生成智力

催产素

这一特质有利于保持人类伴侣之间稳固的关系，更加便于养育后代

人类可以将"母子"之间的感情延伸到整个群体的其他人身上

作为群居动物的人类还有一个特别之处，那就是女性在非生育期也可以进行性交

这个转变也促使一连串被我称作"大事记"的事件产生

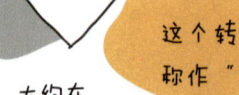

第 1 次轴心时代

大约在 10000 年前，人类出于某种原因决定安定下来，耕作农田，安居乐业

公元前3000年　公元前9000年

公元前7000年

粮食产量高于消费量之后，随之应运而生的是财产、商业、劳动分工、对保护的需要和保护人的出现……

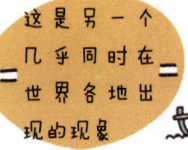

这是另一个几乎同时在世界各地出现的现象

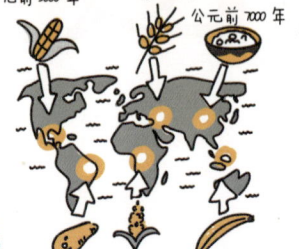

公元前3000年　公元前3000年　公元前4000年

于是，社会环境影响了创造性人才的出现，人类很多的创新来源于不同大脑之间密集的互动

人类的不同文明同时进化，不同种群的智力平行发展，于是有了"社会智力"的概念

人类凭借其大脑的象征能力对很多事物进行了叙述，记录了很多伟大的历史事件

真正的死亡是遗忘

我是谁　基督徒　罗马人　雅利安人

为祖国捐躯是甜美与光荣的

对个人身份的认同，对集体身份的认同

"声望"作为人类追求的最高价值，是推动行为的有效工具

法律 — 和 — 规则

因为人类必须创造新的感受

但同时也伴随着牺牲

随着大城市的出现，人类必须重新审视和整理自己的思考方式和行为方式

城市越大，它为创新打造的基础就越牢固，就会出现更多的可能性

和陌生人合作

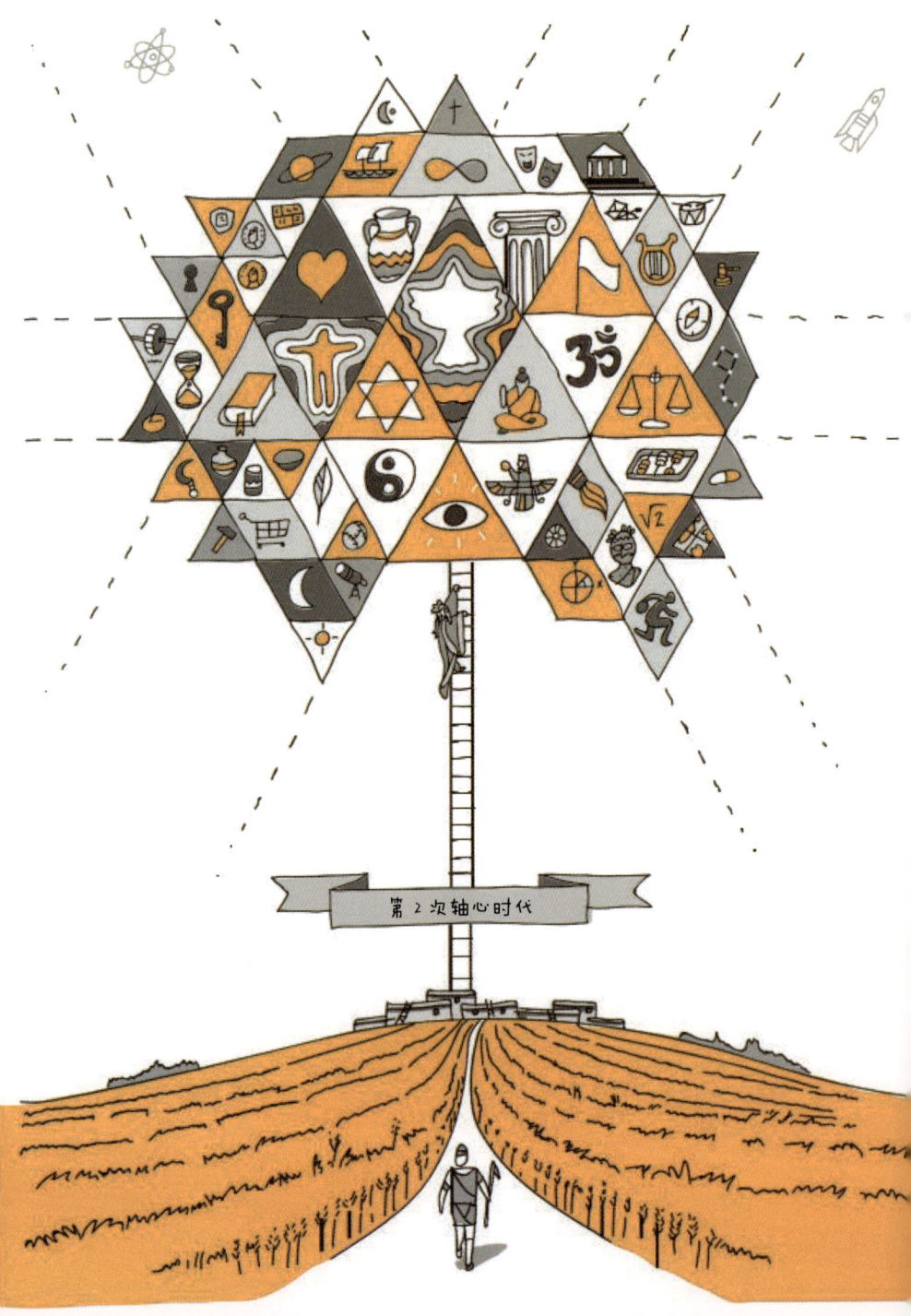

第 2 次轴心时代

精神的伟大进化

　　在伟大的城市化转变后，乌斯贝克发现了人类另一个鲜为
人知的转变，但这场转变对于人类智力发展与前者同样重要。
在第一次轴心时代，人类主要扩展了人与人之间的关系、增强
了社会共有的集体智力。在第二次轴心时代，人类智力的发展
更多地回归其自身，在这个时期人们唤醒了自身对于宗教、政
治和经济进行思考的极大兴趣。为此，人类发明了很多思维工
具来进行这些思考。现代意义上的第一部自传是圣·古斯丁在 4
世纪创作的自传体忏悔录，这部作品是通过宗教自省的方式写
就的。自人类历史存在之初，人们就知道区分真实与象征，而
现在人们开始对其进行研究、评估和批判。与此同时，一直到
今天都屹立不倒的各大宗教开始陆续涌现。乌斯贝克调查笔记
本中关于这方面研究的图表数量之多，充分说明他对这段人类
历史的浓厚兴趣。

　　宗教轴心时代主要是指公元前 750 年到公元前 350 年这个
阶段。"宗教"这个名词是由伟大的德国哲学家卡尔·贾斯珀
斯发明的。在这位哲学家看来，宗教的涌现代表了人类历史上
最深刻的转变，即人性化的到来。这个伟大转变的主角包括希
伯来先知、《奥义书》的作者、佛陀、摩诃婆罗多、孔子、老
子和苏格拉底……作为前人，有写出《吠陀经》和《琐罗亚斯

图解智力简史

171

德经》的雅利安大师们；作为后来者，必须提到耶稣和默罕默德这两位被铭刻在犹太教传统中的伟大人物。自从人类作为新物种出现在世界上，宗教就一直相伴其左右，但是在这个轴心时代，宗教在人类精神上进一步升华、进一步向内心深入发展，并与人类了解自我的方式产生良好合作。苏格拉底将当时的情况总结成这样一句话："没有反思的人生不值得过。"孔子认为对自己正在做的事情必须保持谦虚谨慎之心，如此才能对自己有所帮助。对于以色列的先知来说，最根本的是人的内在，内心的纯洁。乌斯贝克的记忆库告诉它，对于纯洁的内心、纯净的情感和纯净的愿望的不断追求是许多宗教所共有的。印度教《奥义书》在人类的内心深处发现了"梵"的存在，于是就有了那个充满神秘感的句子："Tat Tvam asi（那就是你）。""梵"就在你心中，所谓"梵我合一"。有限是一种假象，真正的现实是无限的。

第二次轴心时代的重要性是不言而喻的。在这个时代中出现或壮大的宗教到现在仍有众多的追随者。下图标出了目前各大宗教在全球的教徒人数。

儒教的人数很难计算，甚至很难确定儒教到底是不是一种宗教，但是其影响力是有目共睹的，中国在如今的 21 世纪认为儒家思想是中国文化的基础充分说明了这一点。

　　　　　　　　　　　　　　　　　　图解智力简史

来自非宗教文化的乌斯贝克对人类宗教的持久性感到惊讶，尽管很多宗教也最终走向了灭亡。以今天的美国为例，有 76% 的美国人将自己定义为有信仰的人，3% 的人是无神论者，4% 的人是不可知论者，还有 17% 的人觉得宗教没有什么特别意义。在 2016 年针对有投票权的公民进行的调查中，42% 的受调查者肯定自己不会将选票投给一个无神论总统候选人。但这不是乌斯贝克最感兴趣的内容。它正在尝试研究人类智力发展的整个过程，因此想要了解轴心时代是否在其中起了关键性作用。出于这个目的，乌斯贝克的记忆库收集了很多专家的意见，使它了解了这个时代对人类智力发展的意义。

—梅林·唐纳德写道："轴心时代可以被认为是人类的元认知能力在指导行为和监督行为方面获得巨大飞跃的时刻。"在这个时代中，人类对自己思维过程进行反思的能力得到大幅提升。

—威特罗克称其为"作为全人类伟大文明和普世宗

教观点产生源泉的自我反思时代"。

— 马塞尔·高歇也认为这是人类历史的分水岭，但是他将这个时代同"国家"概念的诞生联系起来，而"国家"是另一个无法持续存在的事物。

— 麦克尼尔和哈拉里指出，在这个时代产生了较少的部落宗教，这是一个巨大的进步，因为代表了宗教向着普世价值进一步发展。

— 根据罗伯特·贝拉的说法，"轴心时代"的宗教都经历了五次转变：①一种新的"自我照顾"；②有典籍的宗教的出现；③献祭的终结；④从个人宗教到群体宗教的过渡；⑤从智慧大师到精神大师的转变。

乌斯贝克对于宗教在人类进化史上所扮演的角色有一个非常形象的比喻。它认为宗教就像一台思想起重机，将人类从动物性水平加速提升到人性的水平。毫无疑问，宗教给人类带去了希望、安全感和社会凝聚力，但是乌斯贝克认为宗教成功的部分原因在于与宗教抓住了人类对于自我提升的渴望，并与之进行了完美的合作。一台真正的起重机是用来吊起重物的工具，而思想起重机则是人类创造出来用于提升自身的认知、视野和创造能力的工具。宗教的出现让人类对高于自身所处的世界有了想象的空间，并为接近那个世界而竭尽全力。对于人类来说，成为完人、善人或者成"梵"已经成为一个参照物、一个目标。用耶稣基督在《福音书》中的一句话来概括就是："你们要完美，就像上帝是完美的。"人类对正义、同情与和谐的不断追求也是一种表现，用一个被所有宗教接受、放之四海皆准的"黄金法则"概括，那就是："不要让别人做你自己不想做的事（己所不欲，勿施于人）。"

乌斯贝克提出的"思想起重机"这个比喻让我觉得既有趣又惊讶，因此我对这个比喻是否能描述事实做了一番研究。人类学家莫里斯·布洛赫的观点引起了我的注意。他认为，人类最独特的地方之一，是我们在整个进化历史中，从与同伴互动的"交易型生物"变成了"超越自我的生物"。我们超越现有的经验和物质现实，为自己制定了更多角色和规则，这些角色和规则是通过我们的想象创造出来的（M.布洛赫，《为什么宗教并不特别但是却非常重要？》，皇家社会B：生物科学，363期，2008，第2055~2061页）。在布洛赫看来，纵向关系的想象力对人性的发展史是至关重要的，因为它不仅将"神灵"囊括进纵向关系里，更创造了例如"先人"和"民族"这些抽象概念，这种能力意味着对日常生活的打破。这就是"超越自我"。

图解智力简史

乌斯贝克兴高采烈地提出了"思想起重机"的构想，它也因此感受到了自己提出的"精神愉悦"。何谓"精神愉悦"呢？就是创造了一个可以用来解释很多现象的新概念。起重机作为一种象征，让乌斯贝克对所有进行自我提升的起重机特别感兴趣，也就是指那些不需要其他起重机就能将自己提起来的起重机。乌斯贝克的记忆库联想到了一个比较古怪的例子作为比喻：蒙森豪森男爵是一本德国怪诞小说中的主人公，据说在陷入沼泽之后，他拉住自己的头发努力向上拔，因此脱险。乌斯贝克认为这个故事与人类的智力发展有相同之处。有专家表示人类智力是自生的，也就是说，是在不断地自我构建中发展出来的。乌斯贝克在笔记中表示这个概念应该得到扩展。它认为，人类这个社会团体一直以来都在构建自己的思想起重机，这个起重机具体来说就是"梵"，是上帝，是完美的存在，是完美人类的模型，当这个思

推文 46：

"不上升，即下落。"一只箭头如是说

图解智力简史

想起重机被构建好之后，就可供团体中的每一个成员使用了。乌斯贝克的记忆库持续输出了一些有趣的例子：

——在所有文化中，对于空间的象征意义都很一致：高就是好，低则不受欢迎。

——柏拉图在《盛宴》里面说过："与天空之上的世界相比，这里的世界充满各种奇形怪状、腐败和缺陷。你是否意识到只有在天上的世界里人类才能看到美，才能创造出真正的卓越，而不是对卓越进行模仿？"

——"人类的大脑会自动感知社会空间里的一种垂直维度，在这个空间中上帝或者完美道德楷模处于最上方，之后随着高度的下降，分别是天使、人类、其他动物、怪物、恶灵，处于最底层是魔鬼。对这个维度的感知可能是人类先天就有的一种想法。"（海德，《正义者的思想》，德乌斯托出版社，巴塞罗那，2017，第156页）

——克里斯蒂安·赫克在《天梯》中写道："天梯是一个特别的主题。是很多关于上升的主题之一，人类对于上升的普遍性已经得到了米尔恰·伊利亚德和吉尔伯特·杜兰德的证实。此外，人类对于飞行的梦想以及巴什拉在《梦想的诗学》中的表述也得到了证实。为此，彼得·格林威导演最近还以'云上的噪声'为主题举办了一个与飞行有关的老图片展。但是，天梯毕竟不是一架飞机，攀登天梯也不是坐上一辆车往天空飞去。天梯是一条纵轴，攀登天梯更像是沿着一根圆柱、一条绳索或者一棵树攀爬，天梯是独立存在的一个支撑体，通过它可以上升或者下降。天梯连接了不同的层次，因此时常与'世界之轴'这个概念纠缠不清。"

乌斯贝克想到之前的话题可能就是关于人类为什么会想到天使这个概念的答案。宗教在乌斯贝克看来并不是唯一的思想起重机，他认为艺术也有相同的功能，因为艺术同样来自一个更高级别的世界，同样是对现实的一种重塑。宗教和艺术一样，都能让人感受到"热爱"，体会到一种被神占据心灵的感觉。古希腊文化在这两个层面上将善良、美丽和真理统一了起来：它们是提升人类精神的三个愿望。毕达哥拉斯因其发现的定理而广为人知，但他本人是个神秘主义者，他认为人类灵魂只有通过净化才能从身体的坟墓中解放出来。柏拉图也有过类似的思考，他认定对美丽躯体的欣赏可以转化为对理想美学的欣赏，会令人欣喜若狂。这个观点非常强大，以至于几百年后，圣奥古斯丁对自己皈依基督教是这样描述的："哦，如此古老又如此崭新的美，我认识你太迟，我爱上你太晚。"又过了几百年，到了 19 世纪，哲学家

图解智力简史

黑格尔用一句话对艺术进行了概括："艺术的终极奥义是对'天人合一'的感性表达。"乌斯贝克则觉得这句话不对，它写道："艺术是一台起重机，将我们带往'天人合一'的境界。"

乌斯贝克无法解释为什么人类会在音乐、绘画、小说和建筑装饰上感受到愉悦。它知道所有愉悦都是来自神经的奖励系统，但是它不知道这种感觉产生的原理是什么。在大自然中，所有人类认为美好的事物（缤纷的花朵或者孔雀的羽毛）都具有吸引授粉昆虫或者伴侣的目的。这可能是人类对艺术着迷的根源所在。古老的印度教神话已经表明了这一点。梵天创造了具有自然之美的宇宙，也创造了人类。但是在他完成了这一创举之后，他的妻子萨拉斯瓦蒂发现梵天陷入了沉思且面露悲伤。妻子询问其悲伤的原因，梵天回答道："我创造了美丽的世界，但是人类却不懂得欣赏它。如果不懂得欣赏美好，那么智慧就毫无价值。"于是萨拉斯瓦蒂对他说："为了使人类懂得欣赏美丽，我会赠予他们一件名为艺术的礼物。"从那时起，人类开始有了对美的体验，萨拉斯瓦蒂也因此被印度人视为掌管艺术和音乐的女神。

在乌斯贝克特别喜欢的历史飞跃中，它特意写下了这个词："萨特和电影。"让－保罗·萨特是 20 世纪重要的哲学家之一，也是诺贝尔文学奖获得者。萨特的主要思想之一，同时也是不太乐观的思想，就是人类陷入了现实的泥沼当中，被各种黏糊不清的人类关系所牵绊。他最著名的小说名为《恶心》。尽管对现实存在消极的看法，萨特仍然用柏拉图式的语言进行了自白。萨特认为，在现实的贫困之外，存在着一个如柏拉图所说的美好、纯净的完美世界，只不过这个世界是虚构的。在他的自传中，萨特讲述了自己从儿时去电影院开始就拥有的梦想。在电影里，一切都是那么光明，所有故事都拥有美好结局。电影中的主人公永远是俊男美女，永远坠入爱河。男主人公总能在最后一秒将女主人公从跌入瀑布的险境中成功救出。但是，当散场灯亮起，所有魔法都消失了，虚幻显得如此清晰。回到马路上，一切都很庸俗。在类似的心态下，《恶心》中的男主角决定自杀。正当他要付诸行动的那一刻，他听到了一个沙哑又黑暗的声音，在他耳边唱着"*Some of these days*"这首歌曲。突如其来的美妙音乐让男主人公相信，自己有可能证实了一个独特的存在："我就像是一个在冰天雪地中经历了一次旅行后完全被冻住的人，突然踏进了一个温暖的房间。"这不是什么大事。这只是突然地打断了令人沮丧的事实。这是起重机在工作的结果。

科学，作为对宇宙真理的追求，也是一台起重机。人类自存在伊始就对正义开展的追求也同样是一台起重机。所有的一切都汇集成人类一股强大而持续的驱动力：对乌托邦的渴望。人类对"幸福城市"的向往，对天堂的向往以及对黄金时代的信仰都是人类生成智力的产物，这些想法深深地触动了人类的心弦。

图解智力简史

推文 48:

我能知道什么？我应该做什么？我将变成什么？我到底是谁

　　乌斯贝克遵循一些专家的建议，思考着第二次轴心时代的核心除了宗教和艺术，是否还包括政治和经济。在后面这两个领域中，人们也非常努力地对已经存在的事物进行反思，并且在普遍性和抽象性方面跨越了一大步。因此，一些人也将这个时代命名为"元认知时代"。这个时代的特点在当时的希腊、罗马都能找到。第一批帝国出现的原因是单纯的对权力的扩张。但最后这些帝国都赋予自己一个重大的任务，用某种方式为所有侵略性帝国主义的恐怖行径做出了解释。亚历山大大帝就是其中的代表。他为自己的帝国制定了一项任务：统一全人类。普鲁塔克评论说亚历山大大帝故意拒绝了他的老师亚里士多德"只把希腊人看作人类，其余所有的'野蛮人'只是野兽"的建议。罗马帝国继承了亚历山大大帝的理想，而东方统治者，无论是波斯人还是印度人，也有相同的想法。在公元前 4 世纪，当印度孔雀王朝的创始人旃陀罗笈多被问及对自己的帝国是如何构想的，据说他是这样回答："我仔细研究过亚历山大的一切，从他年轻之后开始。"

政治和伦理一样，在逐渐进化的过程中变得越来越合理。也就是说，在这过程中，公众认可的普遍发生的事例逐渐代替了个例，因此变得合理。乌斯贝克认为这一点至关重要。

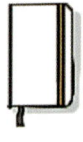

"讲道理不仅仅是把道理摆出来，也不只是让大脑的机器完美执行程序的过程，而是使用智力来将我们个人确认的事实变成公众充分认可的事实，因此成为具有普遍性的事实。"

乌斯贝克的记忆库总能快速找到一些相关的诗句来，可以作为非常合适的例子：

在孤独中，
我见过很多事，
虽然不是事实，
但却如此清晰。
——安东尼奥·马查多

人类一直在寻求知识的普遍性，同时也在行动、规范、法律和道德等情感无法缺席的领域寻求普遍性。在希腊，人们在公共集会上讨论公共事务，司法程序必须有见证者在场才能进行。因此，雅典成为民主、科学和哲学的发源地绝非偶然。让斯多葛学派和欧几里得在雅典共存也绝非偶然。罗马的诞生则是人类在巨大冒险旅程中迈出的一大步。在这个旅程中，人类怀着进一步探索内心的目标，想要解决有关反思的问题。我到底能知道些什么？我应该怎么做？我将会怎样？我到底是谁？罗马仰视希腊，同时也将自己关于理想世界的想法带入了现实世界。罗马人把罗马变成了一个神话和一种使命。他们对权力进行了思考并将其重新组织，因为他们要统治的不是像雅典这样的小城市，而是拥有 100 万人口的罗马城——一个庞大帝国的首都。罗马帝国从东向西延伸近 5000 千米，从北向南则延伸 3000 千米。罗马人建立的法律体系沿用至今，现代社会中的大学法律系仍在研究罗马法律。但是罗马人当时就明白，那不是个人能够完成的任务，而是集体智慧的结晶，是社会集体智力的创造，这种集体智力越来越成为创造的主力军。西塞罗对这一点非常坚定，他说："我们的法律更加明智因为它不是个人制定的，而是结合许多人的经验才产生的。"乌斯贝克将西塞罗的这句话完整地记录下来，因为这句话非常契合它的研究兴趣点，那就是：人类智力到底是个人的还是集体的？

乌斯贝克对于一切与法律和正义相关的知识进行了系统而彻底的研究，这让我感到非常震惊。它知道社会性动物之间存在规则，但是动物们对规则的服从性是刻在其大脑当中的。人类却不是这样。法律对罗马人来说不仅是用来解决罗马公民之间矛盾的工具，也是解决罗马人和外国人之间矛盾的工具。作为后者，"万民法"是时至今日都在使用的法律工具。斯多葛派学者认为，人类应该按照大自然的规律去生活，因为大自然有自己的法典，是哲学家渴望了解的对象。于是，"自然法则"的概念应运而生。在西塞罗看来，"真正的法律就是理性，是正直而自然的。并不是罗马有一部法律，而雅典另有一部法律，也不是现在有一部法律而将来有另一部法律。"（《论共和国》，第三卷，33）西塞罗的这个关于普遍理性的理论让乌斯贝克非常感兴趣。他所说的"自然的法律"并不存在于大自然当中，因为大自然中唯一的法则是力量。这个"自然的法律"存在于人类智力当中，拥有了这个工具人类就可以想象并创造出更好的世界，甚至是更美好的大自然。

普世宗教、万民法典、建立在宗教和帝国基础上旨在整合不同观点的伦理纲要，都是具有统一和自省功能的智力创造，这些创造最终得以流传至今。还有一个异常强大的象征体系也得以沿用至今，那就是"货币"系统。当乌斯贝克证实了人类将货币本身物质化，忘记了金钱本身只是一个象征概念时，它感到非常恼火。也许货币是继语言之后最重要的象征性创造产物。语言可以用于世间一切事物身上，而货币可以用在一切处于买卖关系中的事物身上。一张钞票可以代表所有用它能够买到的东西，而且买到的不仅仅是物品，还可以是人、权力、性、名声和文化，等等。甚至在《神曲》中表述的放纵年代中，金钱能买到立刻从炼狱逃脱，然后上升至天堂的机会。

世界上很多地方相继出现了货币的身影。这项发明并不需要高科技就能实现，因为它纯粹是一次精神上的革命。金钱概念就是仅仅存在于人类共同想象中的主观间的现实反映。它的出现完全建立在人与人的信任之上。大约在 600 年前，吕底亚人开始铸造金属片以保证其质

推文 49:

"金钱是一种诗歌"——诗人华莱士·史蒂文斯

图解智力简史

量。前面提到的平行发明的概念在这里再一次出现，在大致相同的时间段，钱币铸造分别出现在中国北方广阔的平原上、印度恒河谷和吕底亚。亚历山大大帝拥有 12 万大军，仅支付士兵每日的军饷就要用掉半吨白银。

乌斯贝克将金钱视为人类智慧创造的一个比喻工具，它是可以解决问题的重要象征符号。货币之所以具有象征意义，是因为它可以代表与自身完全不一样的事物，货币作为支付工具让交易中的事物有了具体的价值。1899 年，西班牙将太平洋上的雅浦岛卖给了德国。这个小岛上的居民充分展示了人类对于货币的信任可以到达何种程度。在这个小岛上，当地人使用从另一个岛上切割下的巨型石块作为货币进行交易，这种石块叫作"Fei（雅浦岛石币）"。由于石块很重，因此在交易进行时当地人并不会移动这些石头，而是仅仅作出标记来表示交易的完成。最极端的一个例子是有一块"Fei"在交易的过程中沉到了水底，但是出于信任，即使这块"Fei"消失不见，但是参与交易的人还是认可了这块看不见的货币。

货币是一种集体创造，没人能够单枪匹马将这个概念创造出来。这个概念在日常交易中产生并得到巩固，金钱的含义经过无数次交易显得越来越清晰。让乌斯贝克感到惊讶的是，虽然货币的用途已经得到应有的重视，但是人类对于这个概念是如何创造出来的却不甚了解，也不想多花时间去思考。货币概念是一种高度的抽象，因为它和"米"一样是一种计量单位；货币可供人类进行交换，比如以物易物；除此之外，货币最让人吃惊的地方在于，它最终的作用是衡量与其本身毫无关联的事物的价值。货币是一个纯粹的象征性符号，它能代表任何东西，这就是为什么它如此令人垂涎的原因。有了这个新的概念，人类得以计算价格，在交易中使用货币充当中介，金钱成为财富的象征……

乌斯贝克认为金钱概念是人类智慧集大成者。这个被创造出来的象征性符号，用于解决各种问题，又恰恰因为它是一个符号，因此可以用来创造更多的新符号，如此循环往复，新符号层出不穷。整个金融体系，如同所有政治体系一样，都建立在虚构的内容之上。中国是纸币的发源地，这是个更加抽象的符号，以至于马可波罗在初次接触纸币时感到困惑、难以理解。纸币就是一张承兑汇票。西班牙直到 1976 年仍这样定义纸币："西班牙银行将支付给（纸币）持有者"相应的数目。用一张 100 比塞塔的纸币来举例，也就是说，银行欠纸币持有者 100 比塞塔对应的数目。如果真的有人去银行要求兑换这张纸币，那银行会用什么支付给他？根据引入比塞塔的 1869 年法律，1 比塞塔对应的价值应该是 5 克纯度为 900 的白银。因此，100 比塞塔纸币应该能在银行换到 500 克白银。但事实是从来没有人用纸币换到过白银，因为纸币只是一张虚构的承兑汇票。没有人会真的兑现这张纸币，除了将它认定为合法支付工具的国家。西班

图解智力简史

牙银行所能做的就是用另一种货币代替原有的纸币，但是新的替代品本质上仍然是一张承兑汇票。与所有符号一样，货币也具有扩张性，这在乌斯贝克看来是进化法则中最基本的定律。复杂的金融工具应运而生，虚构的货币成倍增长。没有人知道这个世界上究竟有多少钱，因为出现了各种级别的"衍生品"，衍生逐层递进。这就是艾伦·格林斯潘所说的"非理性繁荣"，而对于乌斯贝克而言，则是人类智慧的一种自发的工作方式，因为人类智力永远处于不满足和想要扩张的双曲线上。2008 年，全球经济对于这个虚构的概念不堪重负，差一点被压得"粉身碎骨"。

乌斯贝克的记忆库又在搜索人类每隔一段时间就要遭受的经济危机的数据，结果显示经济泡沫的出现非常符合被经济学家称为"蠢人定律"的描述。这个定律的意思是说，经济泡沫会慢慢胀大，直到最后一个蠢人丧失了支付的能力，这个泡沫就彻底破碎了。

乌斯贝克在它的调查笔记本上写下了它关于货币的结论：

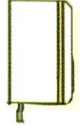

"货币是一种惯例，虽然货币本身是一种虚幻的，但却能够产出真实的事物——商品。货币的例子再一次证明了人类需要通过大脑的虚构创造对现实进行组织和整理。与神话、宗教信仰以及政治体系一样，货币只对深信其价值的人产生作用。"

上面的最后一句话是显而易见的。由于当时世人对罗马钱币赋予了巨大的信任，以至于到了 1 世纪时，在印度也认可这些钱币的价值，要知道当时离印度最近的罗马军团远在数千千米之外。"denario"这个单词慢慢变成了货币的通称。后来阿拉伯的哈里发将这个名词本土化，铸造出了第纳尔（dinar）币，直到今天，第纳尔仍是很多国家货币的官方名称。

　　乌斯贝克从货币这件事情上看到了人类智力创造符号的功能开始，决定继续深入研究下去。货币的出现带动了贸易发展，而贸易也是人类智力的绝妙创造之一。正因为如此，历史学家修昔底德认为，野蛮人与文明人的本质区别之一就在前者没有贸易行为。乌斯贝克也认为贸易对人类发展非常重要，因为通过贸易，人类无需使用武力，只要通过谈判就能让欲望得到满足。在乌斯贝克看来，这种在博弈论中被称

图解智力简史

为"正和博弈"的"双赢"策略，是人类智慧的绝佳创造。乌斯贝克觉得这是第二次轴心时代的又一项成就，其他的成就还有：黄金法则、对民主的思考、普世的司法准则和道德价值观。所有这些都是全社会的成就，因此乌斯贝克写道：

"也许社会的幸福可以归结为制度的建立，在这些制度下，每个人只要遵守规则就可以成为赢家。"

写完后它满意地合上了笔记本。

思维地图 7

7 精神的伟大进化

人类对于艺术的感到的愉悦也是来自大脑神经的奖励系统

在这个时期人们唤醒了自身对于宗教、政治和经济进行思考的极大兴趣

宗教的涌现代表了人类历史上最深刻的转变，即人性化的到来

宗教

艺术

是一台起重机，将我们带往

天人合一

的境界

宗教的出现让人类对高于自身所处的世界有了想象的空间，并为接近那个世界而竭尽全力

人类的元认知能力获得巨大飞跃

人类对自己的思维过程进行反思

宗教就像一台思想起重机，帮助人类提升了认知、眼界和社会凝聚力

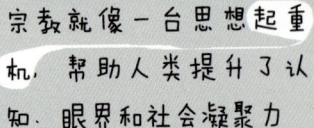

雅典 是民主、科学和哲学的发源地之一

在那儿**人类**利用理性来确定普世价值

罗马帝国继承了亚历山大大帝统一全人类的理想，而东方统治者，无论是波斯人还是印度人，也有相同的想法

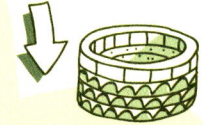

于是出现了一部并不存在于大自然当中的"自然的法律"，这个"自然的法律"存在于人类智力当中，而不是来源于绝对力量

政治

罗马人建立的法律体系是集体智慧的结晶，是社会集体智力的创造

罗马人将自己关于理想世界的想法带入了现实世界，把拥有一百万人口的罗马城变成了一个神话和一种使命

和神话以及政治体系一样，货币只对深信其价值的人产生作用

"货币"这个异常强大的象征体系也得以沿用至今

世界上很多地方相继出现了货币的身影，这又是一个平行发明的例子

虽然货币本身是虚幻的，但却能够产出真实的事物：**商品**

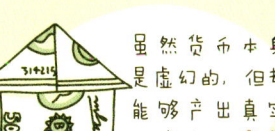

经济

与所有符号一样，货币也具有扩张性，于是复杂的金融工具应运而生

一张纸币可以代表任何东西：实物、人、权利、文化、甚至犯罪豁免权

中国是纸币的发源地，这是个更加抽象的符号

第 3 次轴心时代

反叛者还是顺从者

在乌斯贝克发现的人脑双重智力系统中，有一个决定性因素，但往往没有引起注意。每个人都知道拥有创意无限又乐观积极的生成智力是最棒的事情，但很少人明白拥有筛选这些创意的能力也同样重要。这是一种儿童还未掌握的能力，是精神病患者缺失的能力，也是狂热分子不去执行的能力。执行智力的作用之一就是像海关一样对大脑产生的所有想法进行筛选，从而正确指导行为的产生。"自然选择"法则是接受正确的解决方案，拒绝错误的。执行智力的作用与之类似，但更为复杂和精密，因为它要基于自己生成的评判标准进行选择。但最终的选择结果与"自然选择"如出一辙，它们都对某种进化产生了指导作用。

大家都知道当海关休息时会发生什么。没有了控制，所有的事物都能通过关口。乌斯贝克的记忆库提供了一些不受执行智力控制的案例。比如说，在"不连贯思维"这种情况下，说话者总是从一个主题跳到另一个主题，这时给人的一种印象就是说话者的大脑正在经历不断变化的冲击。精神病行为也是缺乏"海关"管控的一个例子，在这种情况下，可以看作执行智力没有发挥其管控的功能。

到这里，令人激动不已的人类智力运行模式终于浮出了水面，而乌斯贝克早在这之前就已经发现了这个模式。这是同一个主体的两个化身之间的较量：一个是产生欲望的化身，另一个是控制欲望的化身。欲望意味着一个目标的产生，执行智力将这个目标与一条评判标准做比较，然后决定是接受或拒绝。心理学家一直坚持这种比较机制的存在，并认为抑制冲动的能力是采取明智行动的必要条件。比如一个人想喝酒，但他又要开车，因此执行智力会阻止他去喝酒。伟大的数学家庞加莱说，数学创造是无意识的，但之后必须对其进行有意识的评估。艺术家总是会进行艺术创新，其创新的源泉在于他的执行智力所采用的评估标准。诺贝尔文学奖获得者托马斯·艾略特写道："作家撰写作品的大部分工作可能是文学批判工作，这是一项需要进行构建、省略、修改和审核的工作。"如果没有选择机制，那么人在讲话时就会出现一种病理现象：多语症。制定个性化的选择标准是创造者们最伟大的创造，这个标准让每个创造者拥有独特的个性。因此，诗人兰波写道："只有我拥有这场野蛮游行的答案。"只有我才了解这场诗歌创作盛宴的关键所在。在宗教、道德或政治等领域出现的各种创造也面临同样的问题：评判标准决定了质量的高低。

　　乌斯贝克进一步完善了这个结论。它认为在执行智
力对行为进行控制的体系中，选择标准位于这个体系的
最高层。按照之前的比喻，选择标准就是海关部门执法
时所依据的规则，它可以对控制者加以控制。因此，各
种社会体系一直想要将选择标准固定下来，并以这种方
式影响人们。人类智力发展史表明了这些标准的演变过
程。在一项对非洲部落和美国大学生文化中人们对"聪
明"的概念进行比较研究时，研究者发现双方对"聪明"
的评价标准存在差异。对于美国人而言，高智商是进行
高级别思考和认知的能力。而对于非洲人来说，则是融
入社会进行合作的能力。乌斯贝克认为，西方首先重视
真理和自由，并确保在所有教育系统中将这两种价值观
传达给人们。那么，如果首先将善良或正义作为教育的
基本目标，西方社会应该是什么样子的呢？

　　一般来说，规则是由社会制定并加以执行的，因此
可以预见的是，执行智力是一个集体驯化的产物。人类
学家玛格丽特·米德讲过这样一件事，当她在美拉尼西

亚的一个村庄逗留期间，当地发生了一桩暴力死亡事件。当她询问村民的想法时，村民们回答她说他们不知道应该有什么想法，因为族长还没有告诉他们应该对这件事有什么样的想法或感受。甚至在希腊这样重视个体理性思考的社会中，苏格拉底在明知自己是无辜但却被判处死刑的情况下，竟然并不想反抗并接受了判决。在古希腊悲剧作家索福克勒斯的戏剧《安提戈涅》中，女主人为了自己的家庭决定违反国王的禁令。民众斥责并羞辱她，指控这种自我的行为。这种说法引起了乌斯贝克的兴趣，因为它知道，在当今社会中，自我选择权是人类首先捍卫的基本价值之一。乌斯贝克认为这个变化过程值得研究一番。人类究竟经历了什么才从拒绝自我选择发展到对自主权进行大胆追求的。

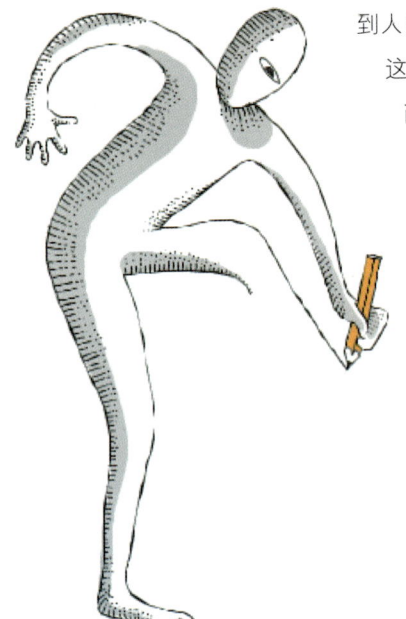

在提出这个问题之后，乌斯贝克遇到人类发展的第三次轴心时代，在这个时代中欧洲成为绝对主角，而这段历史也通常被称作"现代化"。 第一次轴心变革在世界各地同时出现，第二次发生于欧亚大陆的大部分地区。现在乌斯贝克正在经历的第三次变革发生在欧洲，但是却对全世界都产生了深远的影响。过去一直遵循共同标准的人类智慧，从那一刻开始宣告了自由解放，开启了自我满足的阶段。

在整个中世纪，欧洲公民一直追随政治、信仰宗教。也就是说，公民个体就像政治羊群或者宗教羊群中的一只绵羊。这两种统治势力的较量终于在 1555 年有了令双方都满意的结果。为了结束可怕的宗教战争，罗马帝国和德国新教诸侯签订《奥格斯堡宗教和约》，内容是同意诸侯有权为自己的人民选择认可的宗教信仰。这在现代社会被认为是理所当然的个人权利，但在当时只有主权者（罗马帝国）有权决定。最后，政治和宗教两方势力都接受了这个合约。

曾经，生活在社会中，最重要的美德就是服从。基督教，这个在欧洲传播最广的宗教，一直坚持认为人类的原罪已经破坏了其智力。上帝已经启示了所有的知识，人类必须坚定对上帝的信仰才能获得知识。第三次轴心时代中发生了一个巨大的变化，那就是人类的反叛，人类开始宣告自由和自治。这是一场始于文艺复兴时期的运动。人文主义就此出现，这意味着人类文字和神学文字彻底分离开来，理性思考也从宗教信仰中独立出来。

甚至在基督教内部也出现了对宗教登记制度的挑战，那就是新教改革。人类不再需要通过第三者的介入才能与上帝交流，也不需要宗教权威告诉他们应该如何对圣经进行解读。柯林·莫里斯认为："人类对自我的发现是 1050 到 1200 年间人类最重要的文化突破之一。"

自此，人类认为自己从上帝创造的"小生物"变成了造物者。艺术就是绝佳的证明。人类必须进行自我创造。乌斯贝克在人类的这个想法中看到了人类自我扩张、自我超越以及傲慢精神的顶点。在激情昂扬的时刻，人文主义者乔瓦尼·皮科·德拉·米兰多拉借上帝之口对人类说："我们创造的你，既非圣物又非凡人，既非永存又非腐朽。因此，你可尽按自己的意志，以自己的名义，创造自己，建设自己。我们仅仅让你能够按照自己的自由意志成长、发展。"乔达诺·布鲁诺也肯定持有相同的观点，他说："越来越远离动物性，越来越接近神的高度。"乔治·瓦萨里对一些画家非常欣赏，因此在其传记中将画家称为"凡人之神"。人类聪明的古猿人祖先花费 200 万年才创造了语言工具，我们离那个阶段已经很远，现在人类将自己看成了创造者，可以随心所欲地定义自己。这是反叛者普罗米修斯的胜利。希腊人创造了这个神话来警醒自己最害怕发生的错误：狂妄自大、过分骄傲。普罗米修斯不惧怕天神，他从天神那里偷来火种和艺术，带给了人类。阿尔伯特·加缪在数百年后做出了如下定义："现代人类，首先是反叛的人类。"

到那时为止，傲慢仍然是最严重的罪过。在圣经中，人类因渴望知识并想要成为神而被逐出天堂。中世纪的神学家对傲慢进行定罪也是出于政治动机。在那个等级制度森严的时代，权力是无比神圣的，因此统治者将造反派说成是对上帝的反叛是轻而易举的事情，而这种说法对统治者来说非常有用。上帝是至高无上的立法者，而教皇和君主则是上帝的代表，服从主教和君主就是服从上帝，那是最伟大的美德。但是，这个系统开始解体了。上帝在人们心中留下的自然法则逐渐被理性所取代。这一变化被视作人类傲慢的另一个例子。伯纳德·德克拉瓦尔对著名逻辑学家佩德罗·阿贝拉多的言论表示不满，因为后者说了一句傲慢无比的话，表示自己随时"可以对一切做出合理解释"。尽管如此，人类智力的自由发展仍在继续前进。

理性思维的评判标准开始产生作用。执行智力要负责阻止不理性的想法付诸行动，其评判标准的核心是逻辑，这引发了一个令人感到吃惊的事实：如果大脑以真实为前提开始思考，加上逻辑规则的应用，那必然会得到另一个真理。逻辑是一个奇妙的发明，但是它需要严格的纪律去执行，而人类的智力又是最天马行空的，像穿着魔靴一样一脚迈出就不见踪影。因此过去的神话更加美丽，魔法更加充满希望，信仰也更加淳朴简单。人类智力习惯于解决关于苹果和梨子的实际问题，对于抽象的概念很难理解。所以，当孩子们看到黑板上出现的 X 和 Y 用来代替苹果和梨子时，顿时变得叛逆起来。此外，人类智力不断寻找相似的事物，非常享受这个充满比喻的世界："牙齿好像珍珠一样白""河流好比大地的血脉""洋葱是一个埋在土里的玻璃球""朝鲜蓟是穿着植物盔甲的战士"……新几内亚人因为事物之间的相似

推文 54：

事实是一种力量

图解智力简史

之处对很多食物产生了禁忌。举个例子，对于即将成年的男孩儿，家长禁止孩子们吃任何看起来与阴道相似的食物，甚至只要是红色、潮湿或者黏稠的食物都不可以。（A. 梅格斯，《食物、性和污染：新几内亚信仰》，罗格斯大学出版社，新泽西新不伦瑞克省，1984 年）

但是，智力的理性运用无疑具有自己的优势。知识胜于无知、真理胜于错误、明理辨析胜于顺从接受。印度教思想是这个理念的摇篮。甘地在印度教传统中创造了"satyagraha（萨迪亚哥哈拉）"一词，意为"真理之力"，最终这个概念成为了主流。如果我建造拱形桥孔时计算错误，那么桥会坍塌。如果我认为病人中邪了，必须要为他解咒而不是进行治疗，那病人肯定就死了。如果对权威想法无条件接受而不问原因，那么有权者一定会滥用权力。很多道理最终都指向了同一个结论。智力的理性运用可以为所有人找到共同的真理，而智力的其他运用（美学、激情、政治、宗教）则会导致不和谐产生。

希腊人已经朝着理性思维的方向迈出了巨大的一步，他们用科学、逻辑和民主浇灌出基础，在这些坚实的基础上用争辩代替流血，从而解决人类的各类纷争和冲突。对于知识的渴望、哲学理论的出现，都使人类一步步远离古老的神话。科学的基础是人类共同的经验，是深思熟虑的思考，是不断重复的试验和实践。理性思考让人类做出了更好的决定。

一旦在执行智力中确立了这些评判标准，生成智力就会逐渐适应这些标准，并通过教育一步步养成在必要时进行理性思考的习惯。当这种思考模式消失，或者说当病理改变了控制能力时，就会出现痴呆、不连贯和不理性的现象。如果这种思考模式不坚定，那它就会暂时被欲望或激情所取代。

图解智力简史

理性思维在科学技术发展史上闪闪发光，促成了欧洲经济的飞跃，引导欧洲取得最后的胜利。乌斯贝克有一种感觉，在我看来无疑是有点自负的，那就是它觉得自己正紧紧抓住了人类智力发展的那根绳索，至少是其中最重要的一根。

在其他一些文化中，智力的发展则有所不同。人们知道如何合理地使用智力，因此在印度很早就出现了关于逻辑和数学的研究。但是这些不同文化的人们不认为理性思维是智力最重要的用途，因此在训练自己的生成智力时使用了不同的训练方式。乌斯贝克围绕这个内容对多种文化的思维方式进行了一番研究，得到了很多信息，包括印度冥想方法、反逻辑的禅宗思维以及西方和中国的各种思维方式。

印度教与佛教有着很深的渊源，印度教思想认为，真正的体验不是感官的体验，因此，任何基于感官体验得出的理性思考只不过是建立在假象上的另一个假象。

印度教认为最重要的精神体验是天人合一，所以理性在这个过程中并不重要。乌斯贝克研究了《奥义书》和一些佛教经文，所有的内容都在呼唤人们努力达到天人合一的境界，然后在书中告诉人们通过哪种途径才能达到这种境界，但绝非理性思考。这种思想方式和西方不一样，并不是一开始就能获得的体验，而需要经过漫长的修行。

印度教的教众们并没有在这个过程中试图去获得科学、真理或者知识，而是想要最终获得开悟，达到"三摩地"状态，这种状态得到了印度教所有修行的承认。对于佛教而言，需要发现的是佛陀自身的状态。对于印度教而言，理想状态是与梵天的结合，那是一种神秘的状态。对于毗湿奴教徒而言，若能看到毗湿奴神的真身，则说明修行达到了一定的境界。对于耆那教徒而言，进行思考是每个人精神修行的体现。但是他们承认这些差异都是虚幻的，因为只要没有达到天人合一的境界，那所有体验都是一种幻象。印度人将这种情形称作"摩耶"。

　　这些信仰将个人的体验作为宗教最重要的基础，这一点让乌斯贝克感到困惑。教众们并不想强制自己去信仰一个宗教，而是对于终极感受跃跃欲试。这就好像一个登山者说，在登顶的时刻才能对宇宙有了认同感，感受到完全的幸福，并且非常想要再次感受这种幸福。这时候应该有人想问："我怎么知道你说的是不是真的？"登山者则会回答："你自己去经历一番就知道了。"乌斯贝克对这个答案感到怀疑，更确切的说，它觉得这是无法判断的。在乌斯贝克看来，这种体验可能是真的，但又是由人的心理机制产生的，所以也无法判断是否真的达到了天人合一的境界。然而，由于乌斯贝克确实没有达到过山顶，因此也不宜再做过多评论。

　　有一点乌斯贝克可以肯定的是，无论人类决定通过理性的方式还是神秘的方式来运用智力，其目的都是统一的：达到幸福的境界。相同的目的地，不同的途径。

乌斯贝克的记忆库提供了一条有趣的信息：芭芭拉·埃伦赖希研究了远古时期群体娱乐的重要性，以集体舞蹈为例。研究者认为欧洲在个人主义最鼎盛的时期完全抛弃了群体娱乐的传统，也最终失去了对于寻求群体幸福

　　　　　　　　　　　　　　　　　　　图解智力简史

的兴趣。这种关于群体的感受只有在某些情况下才会得到恢复，最明显的例子是大型流行音乐节。（芭芭拉·埃伦赖希，《幸福的历史——从古到今人类群体狂欢研究》，Paidos 出版社，巴塞罗那，2008 年）

佛教中的禅宗文化也与理性相去甚远。其拥护者的说法是，禅宗并不是刻意规避逻辑，而是特意想要打破它，因为在他们看来逻辑是将人类与虚幻的世界捆绑在一起的精神枷锁。乌斯贝克仔细审阅了数百种教义，内容都是老师通过解释不通的例子试图让弟子们获得修为，拥有辨别真伪的双眼。"禅宗公案"指的是没有特殊意义的问题。一个著名的公案内容是这样的："单手拍手的声音是什么样的？"或者是："你在出生之前拥有什么样的面容？"修禅者必须全身心投入去对这类问题进行冥想，当他的逻辑推理思维消除时，终极智慧般若（prajñā）就会出现。这时候，修行者就达到了开悟（日语中是 satori 或者 kensho）的境界。

 赶在乌斯贝克的记忆库之前，想先提供一条我知道的信息。理查德·尼斯贝特在其《思维地理：东方人和西方人是如何思考的》一书中指出，东方人的思维更加注重

分析性，而西方人更加注重用全面的视角去整合问题。耶鲁大学的鲍尔和曾特的研究认为，不同的文化对于人脑思维方式有很深的影响，比如在处理数字时各个文化就很不一样。他们通过对比中文母语者和英文母语者在解决心算题时的脑成像时发现，虽然两者在进行心算时都使用了相同的元素——阿拉伯数字，但是考虑数字的神经区域确实不一样。因此研究人员认为，每个人在考虑数字时运用的大脑神经回路是由其文化决定的。

之前乌斯贝克在谈到情感时已经提过，智力的情感结构也是因人而异的。不同时间不同地方的人对幸福的概念和评估标准也发生了变化。西方人追求自由，但在东方人看来还有比自由更加重要的价值存在，比如和谐。对东方人来说，如果能达到和谐的境界，自由与否似乎并不重要。乌斯贝克觉得很有趣的一点是，20世纪最有影响力的人类心理学家斯金纳关于幸福的概念和东方人很相似。他认为对自由的过分坚持阻碍了人类将追求幸福与和平的方法付诸实践。在其具有科学背景的小说《沃尔登第二》（意译为《桃源二村》）中，他指出人类可以在不需要自由的情况下创造出幸福和公平的世界。

实际上，印度教徒和佛教徒也渴望自由，但那是另一种自由。他们的自由是彻底摆脱痛苦和不安，而想要达到这个目的，他们必须从欲望中挣脱出来，因为欲望是产生一切幻象的祸首，是将凡人和幻象紧紧捆绑在一起的枷锁。也正因为如此，他们并不关心社会自由、经济自由和政治自由，对其而言这些都是不真实的东西，所以并不重要。相反，他们认为西方文化的不断发展只有一个目的：增强人内心的欲望。而理性也是为欲望服务的，理性是为了欲望得到满足。

西方智力的发展仍然沿着理性、科学、技术和生产效率等几条道路继续前进。

人类智力最大的反叛起源于文艺复兴时期，在启蒙运动中达到顶峰。康德将启蒙运动时期定义为人类智力逐渐成熟的时期，他说："启蒙运动将人类从无能之罪责中解放出来。无能是指无法在缺少他人指导的情况下使用自己的智力。这是有罪的，因为这种情况并不是缺乏智力，而是缺乏挣脱无能的决心和勇气。Sapere aude！勇敢地去思考吧。"

乌斯贝克对人类这一开悟时期非常崇敬，但是它对另外一个不太受到重视的转折点更加感兴趣。理性不仅使人类脱离无知，而且保护我们免于狂热，因为狂热会导致残忍和不宽容。伏尔泰对于狂热态度深恶痛绝。他认为这是一种导致大脑瘫痪的疾病，会产生各种各样的暴力和犯罪行为。1792 年，图卢兹法院裁定让·卡拉是杀害自己儿子的凶手。卡拉是新教徒，有证人指控他为了不让自己的儿子皈依天主教就亲手杀死了他。法庭宣布了裁决：两次酷刑。第一次酷刑的目的是让卡拉认罪。第二次酷刑则是在执行死刑途中实施。很明显，死刑还不足以让拉卡得到惩罚。在行刑过程中，拉卡的四肢被铁棍压碎，又被强行灌了好几升水，但是他仍然坚持自己是无罪的。事实上，在宣布死刑判决到执行死刑的两年中，卡拉一直坚持自己是无罪的。伏尔泰对这个法律的裁决提出抗议，他在给另一位启蒙派人物——好友达勒伯特的信中写道："求求你为了卡拉发声、为了反对狂热发声，坏名声才是让卡拉深陷痛苦的原因。"康德有条著名的口号是："摆脱束缚"；伏尔泰的口号则是"消灭臭名昭著的东西"。消灭坏名声！消灭狂热！消灭残忍！启蒙运动的人道主义思想让切萨雷·贝卡里亚写出了一部在对抗司法恐怖方面影响深远的作品。卢梭也坚定地认为同情心是最基本的美德。启蒙派一直想要将处于紧张状态的两个分支统一起来。其中一个分支认为知识比正义更重要，权力比同情心更重要，个体比集体更重要。而另一个分支则更加倾向于正义、同情心和社会共存。

乌斯贝克从它的角度出发确实看到了这两种可能性。尽管它拥有一个清晰的发展图，但是乌斯贝克仍然认为启蒙派学者确实找到了第三条路，在它看来是人类智力发展史上的一大胜利，第三次轴心时代将沿着这条道路达到顶点。乌斯贝克认为，启蒙运动认可的人类最伟大的能力，完全脱离了上一个思维模式，那既不是认知能力，也不是感知能力，而是人类为自己立法的能力。这个能力就是"自治(autonomia)"。为自己立法，自我治理。这件事就像人类与众神进行竞争，很多人认为这是极大的傲慢和冲动。在人类充满自由和创造力的阵营中，人类智力可以自我构建和发展：或回归动物性，或保持不确定性，或以清晰、明确的方式好好地定义自己。

从某种意义上讲，这是对已知智力模式的应用，在这种模式中，执行智力才是对行动进行指导的最终答案。

启蒙运动引领了 19 世纪两次伟大的政治革命，分别发生在美国和法国。这两次革命揭示了政治的最终目的是达到"公众幸福"。法国大革命中的革命者高喊："革命将幸福带给了欧洲人民！"但事实并非如此。大众的幸福一直是人类幸福的边际线，人们能清晰地看到的幸福只是个人的幸福。人类一直都在追求的个人幸福只能在另一种更大的幸福框架内才能够获得，这个更大的幸福就是城邦的幸福、都市的幸福、大众的集体幸福。要想恢复古代人类通过集体娱乐而建立的集体幸福，就要先确保个人享受的存在。这种平衡很难达成，但是人类一直都没有放弃对大众幸福的追求，因为追求幸福不只是与生俱来的冲动，更是一种权利。

 乌斯贝克的记忆库再次提供了多个相关例子：

—《弗吉尼亚权利宣言（1776）》申明：人类"拥有寻求和获得幸福的权利"。

—美国《独立宣言》郑重宣告："我们坚持这些真理，人人生而平等，造物者赋予他们若干不可剥夺的权利，其中包括生命权、自由权和追求幸福的权利。"

—1812 年《西班牙宪法》宣布："政府的目标是整个国家的幸福。"

—《伊朗宪法》（1989）："伊斯兰伊朗共和国将实现全
人类社会的幸福视为理想。"

—《纳米比亚宪法》（1990）：明确规定了"人人享有生
命权、自由权和追求幸福的权利"。

—《韩国宪法》："保证所有公民的尊严和追求幸福的权
利。"

—20世纪最伟大的法学家之一汉斯·凯尔森指出："对
正义的追求即人类对幸福的永恒渴望。人类在自身无
法找到正义，因此需要去社会中获得正义。正义代表
了社会幸福，社会秩序可以确保这种幸福的存在。"

从第一次轴心时代开始，人类经历了漫长跋涉，似乎在
此刻达到了巅峰。两次巨大的变革就像来自新世界的曙光，
这个新世界的根基就是法律。人类对这个新世界的根基有了
意识。伟大的诗人荷尔德林将这描述成"新的创造时光"。
卡尔·冯·罗特克写道："世界历史上没有比法国大革命更重
大的事件了。"

在此之前，社会系统一直建立在义务之上：人类对上帝
有义务，对主权有义务，对大自然也有义务。现在，革命者
认为权力更加重要，只有承认了权力，才会从中衍生出义务。
乌斯贝克感到内心一阵激动，它觉得美国的开国元勋或者法
国国民议会议员在起草国家宪法时心中也感到同样的激动。
乌斯贝克再一次感到了"启示"。当一帮人为了一个国家起
草宪法时，实际上他们是在为全人类起草宪法。当历时已久
的束缚被打破，人类决定将自己重新塑造成一个全新的物种。

这一时期最伟大的创新并不在于对一些基本权利的承认，
虽然人类已经花费几世纪去概括这些权利；最伟大的创新在

图解智力简史

于所有人类社会都承认了"尊严"这个存在已久的概念，才是人类社会的根基所在。乌斯贝克曾经认为人类已经习惯了"尊严"这个词，从而忽视了这个词有多么神秘、多么富有创造力和独特性。在整个人类历史中，人类社会曾经将一个人的尊严同他的行为、功绩和职位的贵贱联系在一起，但是显然，现在人类想要的并非如此。他们希望尊严与任何事物无关，这是人类与生俱来固有的价值，并非取决于个人的行为。因此，一个变态的坏人也不会失去他的尊严和权力。这与事实或谎言无关，而是宪法赋予的权利。这与承诺的作用是一样的。在作出承诺之前，凡事并没有任何关联，但是承诺一出，关联自然就产生了。

为此，"尊严"这个概念——乌斯贝克画下了着重线——并没有任何科学意义。而科学仅限于对确实存在的事物进行研究。如果整个世界变得完全科学化，那么"尊严"的概念就会消失，因为它看不见摸不到，只是一个抽象的概念。神经学家、病理学家和动物学家都肯定人类是一种非常聪明的灵长类动物，但在他们的科学术语中并不能用"尊严"这样的词用来描述人的价值。如果要他们说人比黑猩猩更加"有尊严"，听起来就像在说数字 10 比数字 7 "更有尊严"一样荒谬。但是，第三次轴心时代的人们相信，承认"尊严"的重要性是改善人类共存并实现幸福的最明智的选择。尊严并不是天上掉下来的，人类必须对尊严有所渴望，从而以适宜的方式行为处事，以此获得尊严。

因此，整个进化过程形成了闭环。自丛林中诞生的卑微生灵，在不懈地追求幸福却又不断地出错之后，他们再一次将目光转到了自己的身上，并且借助一部放之四海皆准的宪法将自己重新定义。这部宪法的开篇可以这样写：

人类，一种拥有智力的动物，懂得吸取历史经验教训，批判性地信任我们的理性，被对苦难的同情和对幸福及正义的渴望所感动，我们承认并肯定自己是一个新物种，尊严是我们的基本属性。也就是说，我们认为，尊严是每个人与生俱来所拥有的价值，是受到保护的价值，不受年龄、性别、种族、国籍和宗教的限制，人人平等，没有歧视。我们申明，人的尊严与权力相辅相成。

当乌斯贝克离开我们现在的世界时，很多人会宣布人类进入一个新的轴心时代——第四次轴心时代，届时人类将称之为"后人类时代"或者"超人类时代"。那时候的人们会认为科学技术将引领人类达到更加普罗米修斯式（具有创造性的）的、更加高效的、更加愉悦的水平。他们预测，永生、幸福和超级智慧即将来临。著名生物学家朱利安·赫胥黎在很多年前就勾勒出了这样一个未来：

"正如霍布斯所描述的那样，迄今为止，人类的生活普遍'令人不快、残酷而短暂'。绝大多数人类（如果不是英年早逝的话）都在其一生中遭受了苦难……我们有

理由相信希望之地的存在，因此我们目前所面对的局限性和悲惨的挫败感在很大程度上是可以忍受的。如果人类愿意的话，人类可以超越自己，这不仅是指个体以不同的方式超越自己，而是指整个人类的自我超越。"

乐观主义者认为，从现在开始的40年后，世界上会出现一个新物种，是生物学和技术的混合体。也许那时人类真的达到了"历史的尽头"，并且可以休息了。

乌斯贝克似乎对乐观主义者的意见有异议。在研究了人类伟大的进化历程后，它认为人类"重新将自己定义为具有尊严的动物"是最强大的想法，"三思而后行"是人类智力最伟大的创造，在未来很难出现比这更优秀的想法和创造了。我们真的告别"人类"阶段吗？也许人类应该再好好考虑一下这个问题了。

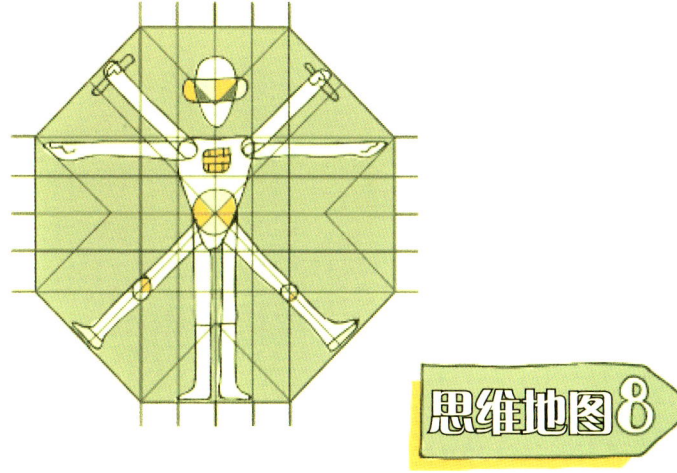

思维地图8

8 反叛者还是顺从者

拥有创意无限
又乐观积极的
生成智力是最棒的事情

但拥有筛选这些创意的**执行智力**也同样重要，因为它对正确指导人类的行为是必不可少的

生成智力　执行智力　　判断标准

评判标准的筛选会对人类**进化产生指**导作用，这和自然选择一样

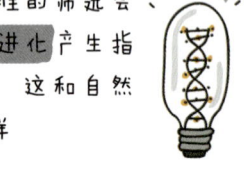

各种社会体系一直想要将选择标准固定下来，并以这种方式影响人们

这次的革命代表了
第 3 次
轴 心 时 代

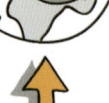

评判标准的核心是**逻辑**，通过逻辑人类可以找到**普世**真理

第3次
16~17世纪 欧洲

第2次
公元前 750~前 330 年
欧洲—亚洲

第1次
公元前 10000 年
世界各地

中世纪最重要的美德就是服从，当时的社会认为反抗统治阶级就是反抗上帝

但是文艺复兴时代，理性思考已经从宗教信仰中独立出来，人类宣告其**自治权**

人类智力最大的反叛在**启蒙运动**中达到顶峰，人类拥有了为自己<u>立法</u>的能力

人类追寻的目标是<u>幸福</u>，但不是个人幸福，而是大众的集体幸福

理性在欧洲取得了胜利，逐渐延伸到科学、技术和经济等各方面

人类起草了一部宪法，其中将幸福与尊严视作人类与生俱来的<u>权利</u>

在其他一些文化中，智力的发展则有所不同

但是这些概念并没有任何科学意义，只是人类发明的概念

印度教认为最重要的精神体验是天人合一

其他的体验都是一种幻象

对东方人来说，训练生成智力另有方法，他们认为并非一定要通过<u>自由</u>才能追求幸福

宣告人类享有基本权利是改善人类共存、达到最终<u>幸福</u>的前提

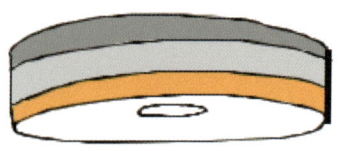

乌斯贝克　　　　何塞

乌斯贝克到底是谁

推文 57：

只有在可能的未来才可能真正理解现在

乌斯贝克并不是外星人，它是来自我们这个星球未来世界的"后人类"。也就是说，它是人类的一个发明，但不是虚无缥缈的发明，而是将许多作者当下的预测结合起来，形成了一个会讲故事的拟人化形象。这些作者并不是小说家，而是在科技、社会学或政治学等领域颇有建树的专家，包括汉斯·莫拉维克，雷·库兹韦尔，埃里克·德雷克斯勒，弗朗西斯·福山，朱利安·巴吉尼，卢克·费里（Luc Ferry），尼克·博斯特罗姆，尤瓦尔·诺亚·哈拉里，尼尔·弗格森和罗纳德·贝利。此篇结语正是以他们的作品为基础写就的。乌斯贝克已经揭示了人类对于编故事和讲故事有着特别的渴望，我认为正好可以在结语这一章里把人类的这种需要再次强化一下，通过我与乌斯贝克的对话，也就是我与未来世界的拟人化形象进行的对话，来给这段研究旅程画上一个圆满的句号。没办法，大家都知道我们人类有多么喜欢故事。

如果技术人员预测正确，那么人类将在 2050 年左右经历新的轴心时代。那时，由于奇点的出现，乌斯贝克那一代后人类也已经诞生或者处于即将诞生的状态。同时，医学界与基因工程将延长人类的寿命（乐观者甚至认为可以实现永生），而人工智能程序将以更加经济、快速的方式与人脑进行互动。届时将出现一种超级智能，能够发明更多超级智能机器，从而无限扩展和改善人类的特征。第一个轴心时代标志着人类向更大型社会的转变；第二个轴心时代代表着人类对自身内心的探求；第三次轴心时代从人类的角度来看，是科学技术的胜利，但从乌斯贝克的角度看，那个时代中最伟大的创造是人类将自己重新定义为具有尊严的动物；而第四个轴心时代的目标是人类将得到永久的改善。本书讲述的历史只是到目前为止，也正是第四次轴心时代即将来临之时。

马里纳：在进入正题前我有一个问题。我现在是和谁对话？和您还是您的计算机？

乌斯贝克：第四次轴心时代中发生的最大的改变之一就是我们后人类已经不需要将自身和计算机区分开来了。人类总是把计算机看作是一种获取远端信息的工具，例如云信息、网络游戏、应用市场上提供的操作程序，等等。但是对我们来说就不是这样。计算机是组成我们个体身份的信息组成部分，是我们个体记忆的一部分。在这本书的撰写过程中一直为我提供信息的记忆并不是一个抽象的记忆，也不是其他人的记忆，更不是一个共享记忆，而是我自己的记忆，是我从儿时起逐渐形成的记忆。我稍后会做更加详细的解释。你们已经知道人类智力是"生物学＋记忆"这样的模式，我们也是这样认为的，但是有两点改变。无论是生物学还是记忆都通过技术得到了扩展。我现在只谈记忆这部分。我的记忆，也就是乌斯贝克的记忆，是我个体身份的一部分，这个记忆我是通过两种形式的学习逐渐形成的。一部分记忆内容是通过神经形式学习的，另一部分内容是通过电子形式学习的。在整个学习期间我们会逐渐对两部分内容进行系统化建设。电子记忆并不是简单地将我的个人计算机同云信息连接起来，而是通过我的神经认知、情感、兴趣和想法用我个人的方式接入信息云。这些信息无法转发给别人，因为信息的密码存在我的大脑里。

马里纳：这是如何做到的？

乌斯贝克：你们应该知道其中的奥秘，因为人类之前一直在研究您所说的"半人马计划"。你们为什么最后没有付诸实践呢？

马里纳：这个名字不是我发明的，而是世界象棋冠军加里·卡斯帕罗夫发明的。在被 IBM 程序击败后，他说 21 世纪的国际象棋棋手将是半人马棋手，即人类和人工智能相结合的赛博格选手。"半人马计划"最后没有继续进行下去可能是因为在当时还不够成熟。也可能因为这个计划从人文主义

角度出发是一个大变革，但是从技术角度出发并非如此。但是人文和科技的进步都是不可抗拒的。

乌斯贝克：我们也遇到过困难，但并不是技术方面的问题而是被我们称作"领域划分"的问题。在学习过程中，我们随时都要决定学到的信息是通过两种模式中的哪一种获得的。计算机会在不理解信息内容的情况下对海量信息进行处理。如果我们想将云信息与个人智能联系起来，就必须以神经模式详细阐述关键的理解信息。单独工作的个人电子记忆就负责这件事情，它可以给我提供数据、联系和链接，根据我的各种项目内容，通过安装在我计算机内部的程序进行一番搜索，就可以获得这些信息。如果我的大脑里没有用以解释这些"机密"信息的钥匙，那么大脑就没法理解这些信息。我的程序利用人类的"深层学习"技术，让计算机可以按照我设置的程序进行自主学习。比如，现在当我与您交谈时，计算机正在为我阅读最近发表的有关人类进化的论文。

马里纳：我们现在来谈一谈这次对话的主题吧。您觉得新的人类物种已经出现了吗？

乌斯贝克：这取决于您对"新物种"是如何定义的。我研究了人类发展的历史，其中人类认为新物种的又一大特征是有超越先前物种的新能力。你我之间的差别与克罗马农人和尼安德特人之间的差别是相同的。这两个人种之间可能在生物学上有所交叉，但是科学家们认为他们是不同的人种。

马里纳：那您所谓的新能力是指什么呢？

乌斯贝克：这种新能力和科幻小说中描述的那种能力是不一样的。不是电子传送，也不是永生，我们并没有变成神，幸福看上去也没有得到更好地分配。但是我们在延长寿命和基因工程的应用方面确实已经取得进展。应用于我们大脑的纳米技术更多地被用来解决病理问题，而不是把我们创造成天才。

现在，大脑的化学潜力已经得到了增强，尤其是通过大脑与计算机的协作增强了智力的认知功能。人工智能已经达到了人类无法企及的学习速度。例如，一个计算机程序可以学习下国际象棋，并在大约五小时内达到大师级别。因此，优质的国际象棋程序的对手只能是其他程序。这渐渐变成了各种程序间的竞争，人类已经被排除在外了。我认为这个例子对目前我们所处的状态是一个很完美的比喻。此外，我们处理信息的能力也得到了扩展和提高，可以更高效地在大量数据中找到模式。有些活动极大地磨炼了人工智能的能力。医学在诊断、手术和预防等方面都有所改进，军队投入了大量资金在训练"超级士兵"。到目前为止已经发生了多次网络战争。人类的"物联网"使整个环境包含了来自各种设备、传感器、程序和应用的智能资源，有能力合理使用这些资源的人可以被称为在认知方面非常聪明的人。在我的研究中心，我了解到环境的变化最终会导致遗传变化，我们可能正处于这一过程中。

马里纳：为什么您要着重指出智力在认知方面的进步？

乌斯贝克：第四次轴心时代是建立在一种关于智能的想法上产生的，但是在现在看来，我认为这个想法有错误，虽然我也是根据这个想法被训练出来的。这个想法和我学到的人类进化知识相关。人类发明人工智能的目的是复制人类的智力，但是现在人类智力却只想着复制人工智能了。

马里纳：我不太明白。

乌斯贝克：人工智能唯一处理的内容是数据和算法，也就是将智力与知识结合起来。这让我想起了您所在时代的一个笑话。一个醉汉在一个昏暗的小巷里丢失了一枚钱币，然后他去路灯下找，因为那里的光线更好。信息领域就像一个更加明亮、更好塑形也是最适合技术发挥能力的领域，我们在这条路上满怀信心地不断前进。现在我很清楚地看到，人类智力的最大功能不在于认知，而是对行动的引导，获得知识仅仅是对行动进行指导的中间一步。人类进化过程出现的双重智力模式将评估是否采取行动的标准摆在大脑所有活动最重要的位置上，那是我们聚焦的重点。人工智能无法制定标准，因为这些标准的制定与生物学上的智力认可的价值观相关，生物学上的智力才能辨别什么是愉悦，什么是痛苦。

此外，除了机器人的例子，人工智能并没有和具体的行动联系起来。我们的程序设定中所有好的决定是基于知识和可用数据决定的，因此必须由计算机的部分负责做出决定。如果机器的部分来遵循计算机所做的决定，那么一切就运转正常，但如果是人的部分必须遵循机器所做的决定的话，那么就不能正常运转下去了。为了让计算机做的决定指导人类的行为，我们必须排除人类的自由思考能力，让其人工智能程序成为做决策的一方，并且来监视躯体的行动。换句话说，就是将后人类变成机器人。这个过程中大脑里有些因素会阻止个体立即将计算机所做的最好决策付诸行动，这时一定要将这些阻挠的因素切断。想一想国际象棋程序。机器每秒计算数百万次走法，然后从中选出最好的那一步。想象一下这种情况：最佳走法的执行者是一个人，这个人在知道最佳走法是什么的情况下却因为那天情绪不佳，或出于想要表达自己对政治体制的不满，又或者只是单纯地想要增加薪水，于是他选择不按照计算机的答案执行。发生这种事怎么办？所以，最高效的解决方式就是将这种中介体完全排除，让计算机直接执行这步棋。

马里纳：我觉得您似乎太多虑了。

乌斯贝克：完全不是这样。我们得到的好处非常多。我们已经植入了每个人自出生开始就一直在准备的关于其基因组信息的"生物学资料"，这本资料通过不断植入衣服的传感器或插入躯体的纳米传感器接收新的信息，并对其他生物学参数进行比较。高效的程序可监控每个人的健康状况，并自动检测任何异常情况。这使得预防科学得到了极大的发展。"教育资料"也差不多如此，伴随着人的一生不断进行扩充。当一个孩子上学时，他会利用自己的基因信息来帮助新老师判断学生是否在学习过程中进行了充分的学习，并且知道学生当时的知识储备到底有多少。有了这个"教育资料"，人类找到理想工作的效率就会大大提高。大数据可以提高教育水平和组织效率。在这些方面，技术永远是最重要的。30年前，机器人技术和自动化在某些领域的发展对于现在这个技术是不可或缺的。我们的机器人可以将咨询师、朋友、心理咨询师或者性伴侣的行为完美地模仿出来。现在，在您的人类世界中，妓院已经开始使用性爱机器人了。

马里纳：那么您想批评的是什么？

乌斯贝克：我不太满意的是，事物变化的速度给我们带来了极大的压力，要求我们永远保持最新状态，以至于我们不了解自己在做什么。由于人类不断地谈到再创造、再创新、重新设计这些概念，这些概念深深刻在我们的基因里，因此这种不间断的循环回收体系促生了创造发明的大爆炸，但同时也带来了长期性缺乏的问题，因为这些发明创造于过去、于现在的价值都很有限，顷刻间就会被新的发明超越。我的电子记忆在此刻提醒我，这种情况和游牧部落所经历的情况非常相似。同时它还告知我，你们人类已经在使用"知识的游牧民"这种说法。游牧民族的特点在于旅行时不携带行李增加负担，这和我们后人类放弃对过去的探索道理是一样的。在最近 20 年间我们已经把所有历史知识从我们的教育系统和职业系统中删除了。如您所知，在一个以后人类为荣的世界中，人类的"人文主义"和手写文字一样已经过时了。如果要打比方的话，我们就好像在一艘极其强大的舰艇上快速航行，但是没有航海图来设定固定的航线。唯一的安全保障就是先进的技术。

马里纳：那么您觉得研究历史在您所在的高速发展时期能不能起到任何的作用呢？

乌斯贝克：我觉得是有用的。了解历史让我们学会懂得理解，现在我们只关注实用性，因此了解历史是很有必要的。而且不应该仅仅是了解历史事件而已，而是要去了解人类到底经历了什么才导致这些历史事件发生。历史是对人类所经

图解智力简史

历事件的阐述，但是我们已经忘记了很多事情。比如我们已经记不起人工智能之父艾伦·纽维尔的一些思想。60年前，纽维尔在撰写《认知统一理论》一书时指出，智力负责提供解决方案，为的是达到一个目标，并不是为了设定目标。尽管我们的成功无可争议，但是我认为如果在选择目标时犯了错误，那么第四次轴心时代可能就是一场失败。因此，在深入发展后人类阶段之前，我想认真研究一下人类的历史。

马里纳：那么您研究的结论是什么？

乌斯贝克：最主要的结论就是我们一心想要超越第三次轴心时代，并没有想要完善第三次轴心时代的创新成果或者将其变为现实，我们的这个方向搞错了。

马里纳：您能再解释一下吗？

乌斯贝克：我认为，人类将自己定义为具有尊严的动物，这种对于自身的肯定是人类智力所有创造中的最佳例子。但是这不是一个科学上的典型，而且被科学技术所蔑视。"尊严"这个概念完全是一个编造出来的东西，但是却充满拯救的意义。然而，很多人认为走科学技术的道路才是对人类来说最安全的选择，因为它代表了人类智力的最高境界。我们之前不懂得如何选择目标。研究后人类的理论学家一直认为他们在沿着一条理性、科学、实践的道路一路前进，但却忘记了另一条路的存在，那是充满同情心、平等和正义的道路。于是，结果就是我们在科学和技术方面取得了巨大的进步，但却在其他方面裹足不前。因此，我们所生活的世界比起您现在的世界更加不平等。

马里纳：但是在我们看来，科学和技术恰恰是解决不平等问题的关键所在。

乌斯贝克：确实和您预期的一样，一部分问题得到了解决。

现在的平均寿命为 130 岁，基因工程消除了疾病，提高了健康和智力水平，人类和计算机的合作产生了惊人的影响。"人类基因强化"这个产业已经成了我们时代最大的生意。现在的问题是技术是非常昂贵的，少数人才能负担得起。因此，"改善阶层"和"不改善阶层"之间的差距变得越来越大，还没有停止的意思。这就是一种变相的种族主义：一种社会种族正在形成。您所在的时代已经承认贫穷是会遗传给下一代的，而在我们的时代这个现象并没有得到解决，反而更加明显了。我们还处在初始阶段，但是经过改善的人类群体将拥有越来越多的机会，并将逐渐拉开与其他人的差距。金钱保证富人享受更多的医疗和教育技术，同时让这些人更容易获得高级工作，进一步增加了获得健康和教育的可能性。如此循环往复……

马里纳：那么这种情况的产生应该归咎于谁呢？

乌斯贝克：在了解了整段历史之后，我觉得人类给我们提供了一个错误的方法，我们也无法纠正这个错误，因为它看起来非常有吸引力。为此，我得借助记忆库里的大量信息来解释清楚一些。在第四个轴心时代的起点，也就是 2020 年，人类将无法解决的一些矛盾留给我们，成了我们收到的遗产中令人不悦的那一部分。当时的人类生活在一个全球化世界中，但是个人主义在社会生活方式中占了上风。这其实是件好事，因为它可以让个人自由、个人决定和个人幸福等得到保障。每个人对最合适自己的东西再清楚不过了。人类之间的关系，拿情侣关系举例，情侣双方会在相处中逐渐从两个为自己寻求利益的个体变成协作关系。这种关系有点像相互租赁服务之类的关系，它具有很多优点，但是人类和我们都不知道如何才能恢复真正的社交关系。我们坚定地维护自己

图解智力简史

的自主权，但却不懂如何在同类之间建立情感和道德的纽带。我们身体内的系统有这个设定：改善社会状况的最佳方法是让每个人都寻求自己的个人利益。但这个设定根本起不到作用。

人类和我们都接受了这一事实，因为我们本来以为已经发现了科技进步就是可以让所有人获得幸福的方法。慢慢地，消费品就是幸福这种观点变得流行起来，并且出现了"幸福产业"。在发达国家，低强度的享乐主义迅速传播开来，它强调享乐的舒适性并且宣扬使用任何方法使自己达到身心愉悦的状态。因此出现了精神药物滥用、人人都需要看心理医生以及社会允许的毒品泛滥，等等。毫无疑问，科技让我们的生活变得更加舒适。可以说在如今的先进社会中，任何人都比路易十四生活得更加舒适。我们可以不费吹灰之力通过语音唤醒灯光、电视、空调、手机……我们也不需要学习，因为网络给我们提供了所有需要的信息。自动化减少了工作职位，但是所有人的基本收入却增长了不少，失业率也就不值得一提。此外，所有虚拟现实系统都得到了改进，可以使人类每天在一个引人入胜的虚拟泡沫中待上好几小时。每个

人都可以过上好几种虚拟生活，除了缺乏运动不断发胖的缺点之外，别无其他危险。同虚拟世界相比，与人交往会产生矛盾，并且比较严酷。"游戏化"的兴起是这种低强度享乐主义的另一个症状。我们一直试图将残酷的现实世界与温顺的虚拟世界之间的裂缝缝合起来，这件事是一开始人类想要做的，但是最后却让两者之间的裂缝变得越来越大。

马里纳：您的话让我想起了描绘乌托邦的一些作品，如赫胥黎的《美丽新世界》。

乌斯贝克：确实如此。从某种意义上来说那就是一个美丽新世界，在那里的人们虽然没有太大的期望，但确实感到幸福。我的记忆库给我提供了一条信息。可以说，这是一种"惰性"生活的理想状态。"惰性"是一个有趣的词汇，在词源上意为"无痛苦"，但是最后却变成了"懒惰"的意思。我想起了康德曾经进行过警示，他说，"理性并不是出于懒惰而发展出来、最终形成了启蒙运动的。""惰性"生活中的幸福将我们无法解决的矛盾完全封闭了起来。

马里纳：怎么说呢？

乌斯贝克：在一种文化当中培养出自主性个人主义，最著名的社会学家之一乌尔里希·贝克称之为"制度化的个人主义"，同时在这种文化中也导致了"主体的贬值"。我不知道这样解释能不能说明白。在个人掌权的同时，其他方面必然会受到限制。打个比方，在知识领域，人们被灌输"由于网络的出现，获得知识可能是产生观点的衍生产物"这样的理念。获得知识是一项集体而民主的任务。就好比个人在追求私人利益的同时，"公平"这个概念就在整个市场渐渐自动产生了。人类认为在社交媒体表达个人观点的同时会逐渐产生集体智力。所有人都可以在社交媒体上发表自己的言

论。但那是一件有毒的礼物。在社交网络上，人们的关注点并不是参与讨论的网民本人，而是他们表达的观点。这使得发表言论的权利变得无限重要，而言论本身的内容却被忽视了。这意味着解除了批判能力的武装，从而渐渐削弱在网络上捍卫权利的可能性。人类无比天真地相信网络对于我们所有人都是平等的，而忘记了自己只是网络的使用者，还有一群人却是这些网络的拥有者，这群人设计了网络，从中获利。人类还发现了一个导致这种"削弱主体"问题产生的因素，那就是注意力不足，加上认知过度活跃，使得人们对碎片化的新闻需求增大。您所在时代的作家尼尔·弗格森写道："网络满足了我们的自拍欲，满足了我们由于缺乏注意力而对短新闻的需求，更加满足了我们对真人秀明星八卦永远填不满的胃口。"（《广场和塔楼》，Debate 出版社，巴塞罗那，第 443 页）

信息革命为民粹主义者助了一臂之力，不论是"左派"还是右派。那些将希望寄托在民众"智慧"上的人，原本设想通过网络与民众之间建立起一种良性合作，最后却被敲了当头一棒。研究网络的学者指出："如果产生社会影响力，那么人们的行为就会互相依赖，这会破坏大众智慧的基本前提。当大众产生了互相依赖的情感，那么就可能被网络影响，从而去大规模地传播某些信息，即使信息可能是错误的。"这又一次产生了一种矛盾：群体凌驾在个人之上，但其实群体应该是依靠个人才能存在的。

另外，对于"自身幸福权力"的坚持掩盖了另一个事实，这一事实在研究各个文明的发展时变得非常清晰：个人幸福只能通过"客观幸福"——也就是启蒙运动家所称的"公众幸福"——来实现。在某种程度上，个人主义是同另一个显而易见的价值紧密相关的，那就是成就。简单来看，成就和进步很相似。它是法国大革命的旗帜之一。权力必须根据个人成就来安排，权力不能继承也不能通过金钱来获得。所以最后的结论是权力只有赋予应得的人才能被公众认可。在整个 20 世纪，一直到 21 世纪初，人类一直在讨论民主，因为它使所有选票具有相同的价值，并不需要考虑个人成就大小。我们后人类已经忘记了人类为什么会认可无论一个人做过什么，都与他人享有同样的基本权利。这是我在这次研究中学到的内容之一。启蒙运动中人们捍卫普世价值的热情现在已经消失了，个中原因有很多。拿关押移民这件事举例，从人权角度来看，人类没有把这个问题解决好。移民应该享有生存权利、工作权力和追求幸福的权力，但一个国家内已经存在拥有这些权利的人，移民的权利与这些人想要捍卫自己的权利起了冲突。后者占了上风，他们在民族主义者的煽动下将人权置于国家利益之下。文化和宗教的对抗也让实施普遍权利的困难加剧，渐渐地就会成为一段过时的记忆。因此，人类面临着一个难以解决的问题。

马里纳：您是不是想说人类面临着"又一个"难以解决的问题？因为之前您已经提到过好几个问题了。现在这个问题是什么？

　　乌斯贝克：上述这些不可剥夺的权力中，有一些可能会发生冲突，并且无法通过消除其中一项权力来解决这个难题。

　　马里纳：请举个例子。

　　乌斯贝克：财产权可能与生命权或者个人发展权产生矛盾。自由会与安全发生冲突。言论自由可能又站在了维护荣誉和隐私的对立面。

　　马里纳：鉴于您所描绘的情景，您认为人类是不是退

步了？

　　乌斯贝克：倒也不是。您想想田径运动，纪录屡屡被打破，成绩一次比一次令人惊叹。这同时意味着专业竞赛与普通竞赛的差距越来越大。但那是退步吗？显然不是，因为最终这些纪录会被渐渐追上，也就表明普通竞赛的成绩得到了提高。20 世纪 50 年代初期，当人们认为没有人能在 4 分钟内跑完 1 英里（1 英里 =1609 米）时，罗杰·班尼斯特却在 1954 年做到了。几天之后，另一位运动员也跑进了这个成绩，到了 1957 年底，已经有 17 位运动员跑进了 4 分钟，到了现在这个成绩已经很普遍了。目前的纪录是 3 分 43 秒 23。同样的，作为测量智力标准的智力能力（IC）水平也在不断提高。我们不断打破许多领域的纪录。我们已经登上了月球，未来还要去火星进行探索。我们的计算机速度越来越快，我们的寿命也越来越长。我们更好地控制了生理上的痛苦。我们也许变得不那么积极进取了，但是我们仍然会为了获得真正的智慧而继续前进。我们知道将来定能解决人类现在无法解决的严重问题，这些问题引起了可怕的苦难，只是现在我们还没有真正去尝试着解决这些问题而已。

　　马里纳：在这种情况下，您能看到什么解决方案？

　　乌斯贝克：希望人类能阻止这些问题的发生。您别忘了我是身处一个可能的未来在跟您进行交谈，这个未来也有可能没法到来。你们人类可以选择另一条路。我们现在对此无能为力，因为我们尚未存在。乌斯贝克尚未存在。

图解智力简史

参考书目

图 解
→ 智力 ←
简 史

参考书目决定了一本书的基础。任何科学创造都不是凭空编造出来的，它们都有自己的基础，只是这些基础通常都很隐蔽，但又必须公之于众以便对这些基础的坚固性进行检验。对我来说，书籍并不只是放在图书馆架子上的物品，它们是我生活的一部分，甚至渗透到我的血液当中。在不同的情况下，我与书籍保持着或亲切或冲突的关系，但总是很热闹的。为此，我发明了" autobio（biblio）grafia"一词，在这个既是自传又是书目的篇章里，讲述了所有参考书目的作者及其作品的故事。

本书想要叙述的是人类的奇异冒险。索福克勒斯用"恐怖（deinos）"这个词来形容人类，因为人类行事怪异，同时生活在现实和非现实、物质和理想的世界中。我把这类生活在混乱中的生物定义为"精神动物"。由于他们的独特之处完全来源于智力，所以我很清楚如果想要了解人类的奥秘，就必须理解他们的智力。人类的智力对我来说一直是一种神奇的能力。

我曾做过很多尝试去努力了解人类智力的发展，为此我写出了《人类传记》《为尊严而奋斗》《创造智力理论》《有关变焦哲学的论文》《执行智力》《迷失意志的奥秘》等作品，总量有数十本之多。然而，我现在想用简短的篇幅讲述人类的冒险经历，以便读者能够更好地了解我想表达的观点，以免在大量的信息中迷失。打个比方，就像用超快速相机拍摄的电影一样，快速走个过场。为此，我构想了一个充满戏剧感的框架，分为引言和三幕戏剧。该框架如下所示：

引言：精神动物的出现。 寻找人类智力的大爆炸。
第一幕 第一次轴心时代：城市和大型社会的出现。
第二幕 第二次轴心时代：内心追求的出现。
第三幕 第三次轴心时代：个人的反叛。

我在两位出色的合作者的帮助下完成了这个故事。第一位合作者是乌斯贝克（Usbek），它是《情感词典》这部作品中已经出现过的角色。有了它的帮助，我可以在研究与人类密切相关的主题时保持一个相对遥远且客观的视觉。乌斯贝克的名字和功能均取自孟德斯鸠的《波斯书信》。第二位合作者是非凡的漫画家马库斯·卡鲁斯，我要求他以图解方式为我的故事增加一些理解的维度。

第一部分，如果外星人来探访我们的星球，它首先要看的就是人类的发明创造。从太空中它就可以看到中国的长城和世界各大城市的灯光，这时外星人最大的问题就是："这些无足轻重的（柏拉图所言）两足动物究竟是什么样的？他们如何能创造出这么多东西？"乌斯贝克明智地选择了谱系研究法了解我们的情况。这个方法是指从创造出的事物本体出发，追溯创造这种事物的智力从何而来。我完全同意伟大的遗传学家狄奥多西·杜布赞斯基的观点："任何生物都要从一种进化的角度去研究和理解。"我选择采用彼得·J.里奇森和罗伯特·博伊德的方法去研究，这两位学者在文化进化机制方面的研究做出了巨大的贡献。他们认为社会科学中存在分裂的现象，并认为文化进化论可促进社会科学的统一，

图解智力简史

并且可以将其与生物科学联系起来。他们在《不只是基因而已：文化对人类进化的作用》（芝加哥大学出版社，2004）一书中阐述了上述观点。在文化对人类基因的影响方面，凯文·N.拉兰德的《达尔文未完成的交响曲：文化如何造就人类的心灵》（普林斯顿大学出版社，普林斯顿NJ，2017）一书给予了我很大的帮助。尼采在《道德的谱系》一书中也采用了谱系研究法，米切尔·佛卡特在《尼采、谱系、历史》和《真相与法律形式》两本书中都做了详细的解释。我还仔细阅读了路易吉·卢卡·卡瓦利——斯佛萨的《文化的演变》（Anagrama出版社，巴塞罗那，2007）和马克·佩吉尔的《文化的联结》（RBA出版社，巴塞罗那，2013）。

与谱系相关的是"逆向工程"这个概念，它实际上是关于机器的谱系，这个概念可以用在几乎所有的文化创造上。我在丹尼尔·丹尼特的《达尔文的危险想法》（Galaxia Gutenberg出版社，巴塞罗那，1999，第343页）这部作品中首次看到这个概念，之后我又在雷·库兹韦尔的《奇点就在附近》（Lola书局，柏林，2019）一书中看到同样的说法。这位作者对本书非常重要，因为他指出在不久的将来，也就是当"奇点"或"后人类时代"到来的时候，我们人类将进一步改变，这也迫使我们对现在的人类已经达到了何种状态做出思考。同时，通过B.格林伍德的《学习的冒险旅程——反向的历史》（Gifted Education International, 12（1），1997，第39页），我们看到了逆向了解人类发展史的可能性。

"世界"的概念很重要。我们所有人都生活在同一个现实中，却对现实有着各自不同的理解。我们将这个特别的现实称为"世界"。这个想法要归功于伟大的生物学家雅各布·冯·埃克斯库尔，他用蜱虫的微型世界举例（《生物概念中的世界》，Espasa Calpe，布宜诺斯艾利斯，1945），具象了"世界"这个概念。海德格尔在《形而上学的基本概念》（Alianza，马德里，2007）中再次提出了这个概念。还有一篇关于青蛙的世界著名文章，名为《青蛙的眼睛对其大脑说了什么》，这篇文章的作者是I.Y.莱特文、H.R.马图拉纳、W.S.麦克库洛奇和W.H.皮兹（爱尔兰国际会议论文集，第47卷，第11篇，1959年11月刊）。

很长一段时间以来，我一直在思考威廉·迪尔西的一句话："如果我们想了解人类，就必须研究自人类出现以来所做的所有事情。"他所说的"所有事情"就是文化。令人惊讶的是，智力将人类带入了我所说的"巨大的循环"当中。我发现这个主题非常有趣，于是我专心研究，写出了《惊人的循环》这本书（Anagrama，巴塞罗那，2012）。这本书主要阐述的观点是"智力的创造物可以转化为智力本身并对智力进行改造"。书中讲述的正是我们人类的真实历史！但是，这段历史的开头到底在哪儿呢？人类智力大爆炸时期，也就是人类的源头又在哪里？乌斯贝克为了寻找答案，走进了图书馆，在那儿它追溯了人类智力的起源，包括文字的诞生以及语言的产生。那真是一个难解的谜题。需要参考的书目简直无穷无尽。我在《语言的丛林》这本书中已经进行了部分研究，在这里我只提及其中部分参考书目：史蒂文·平克的《语言的本能》（Alianza，马德里，2012）罗伯特·波尔维克和诺安·乔姆斯基的《为什么只有我们：语言和进化》[麻省理工学院出版社，剑桥（马萨诸塞），2013]以及史蒂文·米森的《心灵考古学》（Critica，巴塞罗那，1998）。虽然我针对语言的出现进行了大量的研究，但这个话题对我来说仍然是个谜题。

乌斯贝克也针对艺术、科学和法律等主题进行了谱系研究。在看到本书末尾部分时，大家应该了解法律这个主题对我来说尤其重要。弗里德里希·哈耶克的著作《法律、立法和自由》（联合出版社，马德里，1976）对本书的研究意义重大。在宗教历史的研究方面，米尔恰·埃里亚德和凯伦·阿姆斯特朗的著作给予我很大的帮助。在他们的作品中相似的例子反复出现。在神话研究方面，我参考的书目包括朱利安·德惠伊《神话的演变》（《研究与科学期刊》，第485期，2017年2月刊，第68~75页）和迈克尔·威兹尔的《世界神话起源》（牛津大学出版社，牛津，2012）。

第二部分，人们常说象征思想的出现是人类智力进化的一个基本阶段。对这个阶段进行研究所需的参考书目也是无止境的。我认真研读了柯林·伦福儒教授的《史前历史——人类思想的形成》一书。让－佛朗索瓦·多尔蒂埃在：*L'homme, cet étrange animal: Aux origines du langage, de la culture et de la pensée*（《人类——奇怪的动物：语言、文化和思想的起源》，人文科学出版社，欧塞尔，2012）书中表示，人类祖先所有发明创造的出现都可以用想象力来解释。彼得·加登佛斯在《如何成为智人》一书中认为思想进化的重点是"独立表象"的产生。安尼特·卡米洛夫·史密斯（《超越模块化》，麻省理工学院出版社，剑桥，1992）和梅林·唐纳德（《奇特的大脑》，诺顿出版社，纽约，2001；《现代思想起源》，哈佛大学出版社，剑桥，1993）都强调人类大脑对记忆和表象的控制能力是人类智力的巨大发展。

人类将大脑的认知功能排在研究首要地位，忘记去研究人类情感世界的进化历程，这一点乔纳森·海特在《正义的思想》（杜斯托，巴塞罗那，2019）一书中有所阐述。我们要感谢安东尼奥·达马西奥在《大脑创造了人类》（Destino 出版社，巴塞罗那，2010）一书中的观点，他为我们提供了结合人类情感和神经病学研究的综合性研究角度。智力的目的是指挥行动，而任何行为在一开始都是由冲动、需求、动机和欲望促成的。正如休谟所说，人类的思想是为情感服务的，因为情感是行动产生的根源。我曾经在《欲望的建筑学》（Anagrama，巴塞罗那，2007）这本书中对这个论点进行过研究。人类象征思维的巨大能力让其能够对欲望进行控制。人类一切行动的背后都蕴含着对于幸福的追求。这就是文化产生的真实历史，也可以将文化理解成是人类在追求幸福的过程中意外获得的成果。这也是我的《人类生理传记》（Ariel，巴塞罗那，2018）这本书的主要内容之一。另外，我在其他两本书中也谈到过相同的内容，分别是《遇难者的伦理》（Anagrama，巴塞罗那，1995）以及我和玛利亚·德拉巴尔戈玛合作撰写的《理性的梦想》（Anagrama，巴塞罗那，2003）。另外，达林·M.麦克马洪的《幸福的历史》（Taurus，马德里，2006）一书中也有很多有趣的内容。

第三部分，神经学对大脑的无意识功能产生了兴趣（R.哈辛，J.S.乌勒曼，J.A.巴奇，《新的无意识》，牛津大学出版社，纽约，2006）。同时，人们对大脑的执行功能也产生了极大的兴趣。通过将这两种研究结合，就产生了"双重智力理论"。这个理论将智力分为两个层次，我分别命名为"生成智力"和"执行智力"（D.卡内曼，《敏捷的思维，缓慢的思维》，Debate，巴塞罗那，2012；T.沙利斯，R.库珀，《大脑的结构》，牛津大学出版社，纽约，2011）。近年来，智力的这个新模型及其对教育和社会产生的影响引起了我的注意，为

图解智力简史

此我专门围绕这个内容写了好几本书，分别是：《执行智力》（Ariel，巴塞罗那，2016）、《目标：培养天才》（Conecta，巴塞罗那，2016）以及《放大的哲学篇章》（Ariel，巴塞罗那，2016）。

安东尼奥·达马西奥针对菲尼斯·盖奇的案例做了仔细的研究，其研究结果可以在达马西奥的《笛卡儿的错误》一书中找到。另一位伟大的神经病学家埃尔霍南·戈德伯格刚刚就文化心理需求写了一本书，名为《创造力》（Critica，巴塞罗那，2019）。

第四部分，我投入很多精力去研究记忆这方面的内容。记忆是一个非常神秘的东西，以至于亨利·柏格森最终想要借用灵魂的存在为记忆惊人的能力做一番解释。尽管关于文化在人类进化中的重要性已经被谈论得很多了，但是还没有多到让人们意识到是文化将学习（记忆）变成了一股巨大的进化力量。我的好友、伟大的神经学家华金·福斯特谈到了"系统记忆"，也就是人类大脑先天结构中已经进行"编码"的记忆（《大脑皮质记忆》，麻省理工学院，1999）。很多研究也正朝着这个方向进行。另外还有关于人类自我驯化的研究，包括：约瑟夫·亨里希，《人类成功的秘诀：文化如何驱动人类进化，驯化我们并使我们更聪明》（普林斯顿大学出版社，普林斯顿，2016年），海伦·利奇，《人类驯化的思考》《当代人类学》，第44卷，第3期，2003年）。鲍德温效应解释了人类在后天获得的能力如何导致遗传变化，出于对这方面内容的兴趣，我参考了B.H.韦伯和D.J.迪普（编辑）的《进化与学习：对鲍德温效应的思考》（麻省理工学院出版社，剑桥，2003）。与这种文化上的基因改变相关的内容之一就是"巢穴的建造",同时也是"巨大的循环"的一个例子。智力创造了一个生态巢穴,其周围环境影响了基因的选择(F. 欧德琳——斯密,K. 拉兰德和 M. 费尔德曼,《巢穴的建造:进化中被忽视的过程》,普林斯顿大学出版社,普林斯顿,2003)。詹姆斯·G. 托马斯发表在网络上的博士论文《自我驯化与语言进化》(爱丁堡大学,2013)也是非常值得参考的内容。此外,麦克斯·普朗克人类学研究所所长迈克尔·托马赛洛的著作也非常重要,他的作品包括:《人类交流的起源》(Katz 出版社,布宜诺斯艾利斯,2013),《人类为什么合作?》(Katz 出版社,布宜诺斯艾利斯,2010),《人类思维自然史》(哈佛大学出版社,剑桥,2014)以及《人类道德自然史》(哈佛大学出版社,剑桥,2016)。

还有两位作者出现在我所有的作品中,尤其在本书中我提到得更多一些。他们是列夫·维果茨基和他的学生亚历山大·卢里亚。维果茨基是心理学发展的一大功臣。他懂得研究人类大脑结构中的社会和文化影响的重要性,并发现了"内部言语"的决策性功能。他的著作《思想和语言》(Paidos,巴塞罗那,1962)不可或缺。詹姆斯·沃茨在《维果茨基与大脑的社会成形》(Paidos,巴塞罗那,1988)一书中对维果茨基的理论进行了精妙的阐述。在我看来,亚历山大·卢里亚是 20 世纪最具创新力的神经学家。他关于额叶对于大脑高级功能和语言功能方面的研究令人惊叹不已。他的部分重要研究被翻译成了西班牙语出版,但是可惜的是,负责出版的 Fontanella 出版社现在已经停业了。

第五部分,"协同进化"是一个术语,它包括了第四章出现的部分内容。关于这章,有两个经典著作,分别是特伦

图解智力简史

斯·迪肯的《符号化动物：语言与大脑的共同进化》（企鹅出版社，伦敦，1997）以及 M.D.萨林斯和 E.R.萨维斯合著的《进化和文化》（密歇根大学出版社，安娜堡，1960）。在这一章中，我想回顾一下爱德华·威尔森的影响，他写了四本著作：《社会生物学》（欧米伽出版社，巴塞罗那，1980）；《一致性：知识的统一》（Circulo de letores，巴塞罗那，1999）；《社会对地球的征服：我们从哪来？我们是谁？我们要到哪去？》（Debate，巴塞罗那，2012）和《人类存在的意义》（Gedisa，巴塞罗那，2016）。

我必须提及丹尼尔·丹内特，他的作品给予我很大的帮助。丹内特是一位优秀的哲学家，但在西班牙鲜为人知。他在科学和信息领域的研究也开展得很顺利。我在第一章中已经提过他的作品。他的另外两部作品对本章的影响也很大，分别是《自由的进化》（Paidos，巴塞罗那，2004）和《从细菌到巴赫：思想的进化》（Pasado y Presente 出版社，巴塞罗那，2017）。在《思维类型》一书中，他将动物分为"达尔文式生物（通过自然选择进化的生物）""斯金纳式生物（通过反复试验学习的生物）""波普尔式生物（可以进行心理实验的生物）"和"格里高利式生物"。后者是为了纪念心理学家理查德·格里高利而命名的。格里高利在其《科学中的精神》（Weidenfeld&Nicolson，伦敦，1981）一书中指出"大脑工具"对于开发智力的重要性。这同时也是维果茨基的观点。

另外还有两位作者对本篇的观点做出了重要贡献，他们是史蒂文·平克和诺德·埃利亚斯。平克也许是当今最了解心理学的专家，他用自己的作品证实了这一点。埃利亚斯是一位非常独特的历史学家，他的《文明进程》（FCE，墨西哥城，2011）这本书研究了人类自我控制的发展过程。

了解人类在认知和情感方面协同进化是非常重要的。情感也有自己的发展历程。我曾经通过《情感迷宫》（Anagrama，巴塞罗那，1996）这本书对情感在文化上和历史上的演变做了些许研究。日本人特有的情感 "amae（娇宠）" 一词在土居健郎的《解剖依赖感》（Kodansha，东京，1981）一书中做了深入介绍。凯瑟琳·露兹是情感文化研究方面的先锋，参见她的著作《非自然情感》（芝加哥大学出版社，芝加哥，1988）。伟大的语言学家安娜·维兹比卡在《语义学、文化和认知》（牛津大学出版社，纽约，1992）这本书中对各种情绪变化进行了研究。

正如我在《动机的秘密》（Ariel，巴塞罗那，2011）这本书中所描述的那样，如果人类最大的三个愿望得到满足，那么就会获得幸福感。这三个愿望即对幸福的渴望、对维持良好社会关系的渴望以及对扩大个人可能性的渴望。三者中的后者具体表现为对权力、创造力、超越自我、克服挑战的渴望。马塞尔·奥特在《人类的精神曙光》（Odile Jacob，巴黎，2012）一书中着重强调，人类的这种普罗米修斯式的渴望由来已久，甚至在史前就已经存在。

第六部分，到这章为止，我已经研究了人类物种是如何出现的。在这章中我要研究的是人类这种 "精神动物" 是如何进行精神创造的。如果不对人类文化的发展进程进行彻底简化，那么想要完整讲述这段历史简直是不可能的任务。因此我选择围绕三个轴心时代作为研究的中心，因为这三个时代分别以城市、内心精神和反叛为标志，彻底改变了人类的命运。所有改变都是在已经发生的事情上一点点积累起来的，没有任何改变是突然发生的大跳跃，而是一种缓慢的演变。

图解智力简史

灵长类动物学家弗朗斯·德瓦尔在其研究领域很有权威，他让我们相信人类的很大一部分能力不过是灵长类动物能力的延伸和发展而已。相关内容可以参见他充满力量的作品，包括《灵长类动物和哲学家》（Paidos，巴塞罗那，2007）《住在我们内心深处的猴子》（Tusquets，巴塞罗那，2007）和《黑猩猩的政治》（Alianza，马德里，1993）。

在象征性思维的不断冲刷下，人类的生成智力不只在批判性方面得到了增长，更多的是在创造性方面得到了巨大发展，也因此我们的远古祖先无法将现实和非现实清楚地区分开来。认知考古学家戴维·刘易斯·威廉姆斯认为"意识状态的改变"在人类起源过程中起到了非常重要的作用。萨满教在原始文化中的存在就是一个证明。人类在学会耕种之前就已经改变了自己的宗教信仰和符号崇拜，这个改变并不是学会耕种的结果。有力的证据表明，宗教在人类历史上的这一特殊时刻占据了上风。戴维·刘易斯·威廉姆斯在其《洞穴中的思想：艺术的意识与起源》（Akal，马德里，2010）以及与大卫·皮尔斯合著的《新石器时代的思想》（Akal，马德里）两本书中精彩地呈现了自己的想法。他关于宗教或萨满教起源的研究对我也很有启发性：《感受上帝：宗教的认知起源和演变》（Thames&Hudson，伦敦，2010），《史前萨满祭司："出神"状态与彩绘洞穴》（与克罗兹合著，Abrams，纽约，1998）。还有一些作者突出强调了精神药物在史前的重要性。罗伯特·卡内罗在其发表的《规模分析作为研究文化进化的一种手段》（《西南人类学杂志》，18（2），1962，第149~169页）一文中表示，饮用发酵饮料是一种文化共性，他提到由于古印欧人类非常讲究精神需求，因此他们会饮用一种叫作"soma"的精神类饮品。丹尼尔·劳德·斯梅尔在他的《深度历史与大脑》（加州大学出版社，2007）这本书中强调了研究人类精神病史的重要性。

农业发展使人类从游牧生活过渡到安定的生活，从而产生了一系列新鲜的事物：劳动盈余、城市、国家、文字、公共设施、法律……其中一项最重要的飞跃性发展就是大型社会的产生，它要求一种新的社会模式与之相适应，从而产生更多的新事物。城市的产生也可以看作是平行创造，城市的雏形同时在世界上很多地方出现。格温多林·勒科的《美索不达米亚：城市的诞生》（Paidos，巴塞罗那，2002）这本书对其中一个城市进行了研究。彼得·克拉克出版了《牛津手册：世界历史中的城市》（牛津大学出版社，牛津，2013）。同时也可以参考爱德华·格拉瑟的《城市的胜利》（Taurus，马德里，2011）。很多研究者都一致认为人类的创造力与其所在社会的人口规模是息息相关的。罗宾·杜班在《人类的奥德赛》（Critica，巴塞罗那，2004，第75页）中写道："灵长类动物的社会群体规模影响着它们大脑的皮质数量，这表明它们需要更加发达的大脑去引导它们面对更加复杂的现实社会。"米歇尔·克莱恩和罗伯特·博伊德在合作的文章《人口规模预测了大洋洲的技术复杂性》（*Proceeding of the Royal Society B*，277卷，第1693篇，2010）中也阐明了相同的观点。

约瑟夫·海因里希认为，人类智力的秘密不在于个人的智力，而在于人类社区的"集体智力"（《我们成功的秘诀》）。本书再现了人类认知智力和情感智力的双重发展史，这正是本书的精彩之处。乔纳森·海特在《正义的思想》（Deusto，巴塞罗那，2019）中表示，人类的"超社交能力"比起理性思考更多是通过情感体验而产生的。之后，人类产生了同情心，这是一股强大的人性化情感，也是动物世界中不存在的现象，这一点 P. 斯皮金斯在《同情心如何使我们成为人类》（Pen and Sword Books，巴恩斯利，2015）进行了阐述。人类对家人以外的人产生利他情感与理查德·道金斯在《自私的基因：行为的生物学基础》（萨尔瓦特出版社，巴塞罗那，1976）中提出的观点产生了矛盾。为了给人类这种慷慨行为找到解释，一些研究人员押注在"互惠利他主义"这个解释上，认为这是一个双赢的体系（塞缪尔·鲍尔斯，罗伯特·博伊德，恩斯特·菲尔和赫伯特·金提斯，《理性互惠人：有关互惠政策的起源、规模和政策研究》（《复杂系统进步期刊》，第 4 卷，1997 年第一刊，第 1~30 页）。伟大的人类学家艾伦诺斯·埃伊布勒·艾伯斯费尔特在《爱与恨：人类行为自然史》（Salvatore，巴塞罗那，1994）中指出了"利他"和"自私"两种情感在人类文明发展起源阶段产生的紧张关系。人类还有一些与他人相关的情感，分别是名望、声誉和荣耀（维尔南特，《古希腊的个人、死亡和爱情》，Paidos Iberica，巴塞罗那，2001，第 56 页）。大卫·哈儿和迈克尔·托马赛洛认为，人类为了达到必要的发展水平，会将最激进的一类人边缘化或者直接杀掉，从而留下的都是可以对自己的激进行为进行控制的人。加扎尼加从神经学角度分析，认为这个观点是正确的（《谁是发号施令者？》Paidos，巴塞罗那，2012）。与此观点相关的还有一部文献，就是何塞·路易斯·赫兰兹·吉伦的博士论文，题为"社会科学中的人性合作发展基础研究"（网上公开发表，萨拉曼卡大学）。

我之前在《失败的文明：社会中的天才和蠢材》（Anagrama，巴塞罗那，2010）一书中已经提到过"社会智力"这一主题。弗朗兹·约翰逊在他的著作《美第奇效应》

中普及了这一概念。此外，还可以参见约翰·帕吉特和麦克连恩的《组织化发明与精英转型：佛罗伦萨文艺复兴时期合作制的诞生》（《美国社会学杂志》，第 111 卷，第 5 刊，2006 年 3 月，第 1545 页）。

第七部分，"轴心时代"这个概念是卡尔·贾斯珀斯首先在《历史起源和目标》（Alianza，马德里，1980）一书中提出的，具体指的是人类宗教创新的那一段伟大历程，之后这个概念逐渐达到大众认可。我在这一章中参考了不少书目的内容，包括罗伯特·贝拉和汉斯·乔思（编辑）合作的《轴心时代及其成果》（哈佛大学出版社，剑桥，2012）一书中提到的梅林·唐纳德的《文化的演变：对轴心时代的研究》；本杰明·施瓦茨的《超越时代》（Daedalus，第 104 卷，第 2 刊，1975）；以及贝拉和乔思书中提到的比约恩·威特罗克的《世界历史中的轴心时代》。

还有一些书目与这一章节相关，内容非常精彩，如罗伯特·贝拉的《人类进化史上的宗教：从旧石器时代到轴心时代》（哈佛大学出版社，剑桥，2011）。凯伦·阿姆斯特朗的《伟大的转变》（Paidos，巴塞罗那，2007）也是不可或缺的作品，因为她是我认为目前研究宗教历史最有趣的专家之一。《上帝的历史》（Circulo de lectores，巴塞罗那，1993）《捍卫上帝》（Paidos，巴塞罗那，2009）等作品都让人在阅读之后感到敬佩不已。

如果我们忽视宗教的发展，就无法理解人类进化的历程。人类学家指出，宗教是一种普遍的文化现象（尼古拉斯·韦德，《信仰的本能：宗教如何演变及其持久不衰的原因》，企鹅出版社，纽约，2009），与文化的出现相吻合（米尔恰·伊利亚德，《搜寻》，Kairos，巴塞罗那，2007），也是文化创造的基础（罗伊·A.拉帕波特，《人类发展过程中的仪式和宗教》，Akal出版社，马德里，2016）。心理学家们试图对这种普遍性做出解释（史蒂文·平克，《大脑是如何运作的》，Destino，巴塞罗那，2001；帕斯卡·博伊尔，《宗教概念的功能起源：发展中的大脑本体论和战略选择》，框架人类学研究杂志，第6卷，第2期，2000）。戴维·斯隆·威尔逊在其著作《达尔文的主教堂：进化、宗教和社会本质》（芝加哥大学出版社，2002）一书中指出，如果没有进化的效用，宗教这种繁杂费力的活动就不可能坚持下去。

我和玛利亚·德拉瓦格玛在《为尊严而战》这本书中使用了"起重器"的概念，后来我发现丹尼尔·丹内特在《达尔文的危险思想》一书中也使用了这个概念。在我看来，这是一个成功的比喻，因此我在很多作品中使用过它，《缩放哲学论》就是其中一例。汉斯·乌尔斯·冯·巴尔塔萨在其包含七个章节的鸿篇巨制《荣耀：神学中的美学》（Encuentro，马德里，1985—1989）中对宗教和美学的共通之处做出了极其详尽的研究。根据亨利·德·吕克巴的说法，巴尔塔萨"可能是20世纪最有文化的人"。陀思妥耶夫斯基的话在这一时期不断产生回响："只有美才能拯救世界。"

第二次轴心时代——人类自省和元认知时代——主要在政治和经济方面得到了巨大发展。金钱的主题一直令我着迷不已，我在《缩放哲学论》中将这个主题视为人类智慧最伟大的创造之一。这里我仅仅提一些与我关注重点不同的书目作为参考：理查德·西福德《金钱与希腊早期思想》（剑桥大学出版社，剑桥，2004）；杰克·韦瑟福德《货币史》（三河出版社，剑桥，2004），米尔顿·弗里德曼《金钱的悖论》

（Grijalbo，巴塞罗那，1992），以及大卫·格里伯《负债累累：经济别史》（Ariel，巴塞罗那，2012）。此外，还有约翰·兰切斯特的著作《如何谈论金钱》（Anagrama，巴塞罗那，2015）和《为什么所有人都欠债，因此没人付钱？》（Anagrama，巴塞罗那，2010），作者在这两本作品中将知识和幽默完美地融合在一起，值得细品。

罗伯特·莱特在《非零：人类命运的逻辑》（Vintage，纽约，1999）一书中使用了"正和博弈"这个概念来解释人类的进步，认为在这过程中所有参与者都获得了利益。我认为这个提法非常精彩，因此在本章中也采用了这种说法。

第八部分，我之前在《创造性智力理论》中已经提出，评估标准的出现是智力最伟大的创造之一。之后，我在和阿尔瓦罗·庞波合著的《文学创造力》这本书中再一次提到了这个理论。评估标准的出现也是"双重智力理论"不可避免的结果。如果智力必须负责指导"正确"行为，寻求"正确"答案，那就必须在智力和价值观之间建立起和谐的关系，或者说，在智力和情感之前建立和谐的关系，也就是智力同伦理道德之间的关系。这种关系自然引起了乌斯贝克的兴趣，因为这是我们人类自己提出的问题。科学并不足以对我们的世界进行定义。在我和哈维尔·拉姆博德合作撰写的《人文传记》一书中，我们认为在人类所有的创造中，最能体现人类进步的是人类在法律方面的追求和发展。我同意伟大的法律史学家鲁道夫·冯·伊赫林对法律的看法，他说："道德观念在历史上的变化甚至比天体运动更加精彩。"［鲁道夫·冯·伊赫林，《为法律而战》，Cajica，普埃布拉（墨西哥），1957；《法律的目的》，Cajica，普埃布拉（墨西哥），1961］

在本书的开头，我曾强调人类文明史就是人类追求幸福的历史。但是，我们也必须将个人的、客观的幸福同社会的、共享的幸福区分开来。正如汉斯·凯尔森所指，正义构成了"社会幸福"（《正义是什么？》，Ariel，巴塞罗那，1957）。"公众幸福"是 18 世纪政治意识形态中最主要的话题之一——罗曼·罗塞尔，《西班牙的幸福迹象（1768）》（Alta Fulla，巴塞罗那，1989）；康撒内利和迪潘塔合作的《乌托邦想象中的激情世界》（Guife，米兰）中提到卢卡·史古玛拉的一句话："……不幸的人没有国家。"（《18 世纪的幸福政治》）；安娜·玛利亚·拉奥，《18 世纪的公众幸福和个人幸福》（历史和文学出版社，罗马，2012）

第三个轴心时代提出了对评估标准的改变以及标准应该由谁来设定的问题。"敢于思考"就是"敢于做出自己的决定"（伊曼纽尔·康德，《什么是启蒙运动？》，历史哲学，FEC，墨西哥，1985）。这个时期出现了个人主义和评判性思维，从而打破了人类进化历程中一个非常强大的思维模式——驯服。埃克纳恩·戈德堡在《创造力》（Critica，巴塞罗那，2019）这本书中对人类的服从性进行了深入地研究。人类对自治的追求标志着人类打破了千百年来各种文化里存在的"服从"传统（施尼温德，《自治的产生：现代道德哲学发展史》，FCE，墨西哥，2009）。

理查德·尼斯贝特通过实验研究了东西方思想之间的差异，写出了《思想地理》（Free Press，纽约，2003）一书。文化心理学的研究将这两者之间的差异进一步放大，参考书目包括：J.W. 斯蒂格勒，R.A. 施威德和 G. 赫拉德合作出版的《文化心理学：人类发展比较研究论文集》（剑桥大学出版社，剑桥，1990）当中 R.A. 施威德撰写的《文化心理学：这是什么？》

一文；T.Tsunoda（安塚）《日本人的大脑：独特性与普遍性》（大社馆出版社，东京，1985）；J. 瓦西纳《大脑与社会中的文化：文化心理学基础》（Sage，伦敦，2007）；J. 瓦西纳《当今文化心理学：创新和监督》（《文化和心理杂志》，第15卷，2007，第5~39页）；J. 瓦西纳和A. 罗莎（编辑）《剑桥社会文化心理学手册》（剑桥大学出版社，剑桥，2007）。

人类关于"尊严"这个概念的发展以及将这个概念作为"一种新自然权利"来使用的内容在我与玛利亚·德拉瓦格玛合作的《为尊严而战》这本书中已经提及过。人类对尊严这种"本质的追求"在艾格尼斯·海勒的《本能，侵略性和品格》（Paidos，巴塞罗那，1980）一书中已进行深入探讨。同样对该内容进行研究的还有阿尔诺德·盖伦的《哲学人类学》（Paidos，巴塞罗那，1993）。在法律小说中，扬·托马斯表示，"尊严的概念超越了事物本质的秩序，以另一种方式确立了它的地位"（扬·托马斯，"Les artifices de la vérité en droit commun médiéval", Archives de Philosophie du Droit, XIX, 1974）。

结语，乌斯贝克可以说是"半人马计划"中提出的人工智能的具体示例。"半人马计划"这个名称源自卡斯帕罗夫的一番话。他在输给IBM程序后问自己："如果人与计算机之间不是相互竞争，而是共同合作，那么又会产生怎样的结果？如果比赛时双方都是由一名棋手与一台计算机组成的队伍，那么又会产生怎样的结果？"如果是这样的话，那么人类与计算机双方可以取长补短，获得更大的进步。计算机拥有快速的分析能力，而人类则拥有直觉和洞察力。这样的组合就是"半人马座"应有的模样：集人类和计算机的优点于一身的混合棋手（克莱夫·汤普森，《比你想的要聪明》，企鹅出版社，2013）。我们需要对这种新型智力进行了解。劳伦特·亚历山大想要知道哪一方在半人马模型中占有主导地位，是人类大脑还是计算机？我们也有相同的疑问，因为人工智能带来的最主要的问题就是谁才是未来做决策的人？劳伦特·亚历山大在《智力的战争》（JC Lattes，巴黎，2017）一书中谈论了NBIC模块（纳米技术、生物技术、信息学、认知科学）的影响。罗宾·汉森在《Em时代：工作、爱情和生活》（牛津大学出版社，2016）中对人类与机器的和谐共处进行了探讨。

　　"后人类时代"文学层出不穷，从中我获得了一些乌斯贝克的思想。在我所著《人类传记》一书中，我坚持一个论点，那就是在"奇点"到来之前，也就是在后人类时代或者超人类时代到达之前，一定要对人类的历史进行一番仔细研究，然后才能跟这段历史进行彻底告别。尤瓦尔·诺亚·哈拉里也有类似的观点，他在《从智人到神人：未来简史》（Debate，巴塞罗那，2016）以及《21世纪的21堂课》（Debate，巴塞罗那，2019）这两本书中都所有阐述。弗朗西斯·福山有很多关于政治制度演变的著作，之后他在《人类的终点：生物科技革命的后果》（Zeta Bolsillo，马德里，2008）一书中发表了自己的预测观点。在最硬核的信息内容方面，"莫拉维克悖论"表明，与传统假设结果不同的是，人类无意识的技能和直觉确实需要极大的运算能力。这个发现让人类计算机专家感到惊讶不已。莫拉维克说："在这个测验中，让计算机表现出与成年人相似的能力相对容易，但是让一岁的婴儿具有感知和运动技能则非常困难，甚至是不可能实现的。"（汉斯·莫拉维奇，《智力后裔》，哈佛大学出版社，1988）对于"人类能力逆向工程学"感兴趣的人来说，莫拉维奇也给出了一个结论，他说："我们应该期望这项工程的难度和人类正向进化所花费的时间成正比。"此外，我还对一位出色的机器人专家的论文印象深刻，这位专家就是罗德尼·布鲁克斯，我参考他的作品包括：《无表征智能》（《人工智能杂志》，第 47 卷，第 1~3 期，1991，第 139~159 页）和《人类和机器》（Pantheon Books，2002）。罗纳德·贝利是超人类主义的拥护者，他的书名为《解放生物学：生物技术革命的科学与道德案例》（Prometheus Books，2005）。此外还有吕克·费里撰写的《超人类主义革命》。（Alianza，马德里，2017）

心理学家凯瑟琳·阿斯伯里和行为遗传学家罗伯特·普洛明在他们 2013 年出版的《G 代表基因》一书中，提出了在对每个学生的 DNA 进行分析之后，就可以了解学生在学习中的优劣势的"遗传预测因子"，从而可以有的放矢地去教授知识。还有史蒂芬·徐的文章《超智能人类的到来：基因功能将造就有史以来最聪明的人类》。（Nautilus，18，2014 年 10 月）

我想通过乌斯贝克来进行一次冒险尝试。人类的进化史已经告诉我们，这是一场认知工具和执行工具演变的过程，也是人类同情心伴随着进取心和不团结等现象产生的过程。在两性关系方面，我们见证了最初纯粹的性关系（往往含有暴力成分，常见于动物中）逐渐融入了温柔细腻的情感。相关内容我在《两性关系拼图》这本书中做过阐述。信息技术帮助我们找到了这类信息。这种技术以海量的专业知识作为信息库，利用其强大的逻辑和复杂的机器算法对数据库进行处理，但是却无法处理情感世界，因为情感世界是在由痛苦和愉悦的情感体验上建立起来的，机器则没有这种体验。人类以同样的方式，借助模式认知的基本功能，最终构建了无与伦比的科学殿堂，又通过纷繁复杂的情感世界，在追求幸福的过程中，创造出道德和法律评判标准，这些标准最后使人类能够将自己重新定义为"具有尊严的人类"。所有的一切都是人类虚构的创造，但却是一场拯救性的创造（何塞·安东尼奥·马里纳，《道德创造是对人类的拯救》，选自《伦理和政治哲学：献给阿黛拉·科尔蒂娜》，Tecnos，马德里，2018）。说到这里，不得不提到阿黛拉·科尔蒂娜。她受过严谨的康德式传统的熏陶，在努力摆脱了"病理性"情感之后，最终写就《亲切的理性伦理》（诺贝尔出版社，奥维耶多，2009）一书。

正如乌斯贝克所说，如果将这段真正的人类智力进化史忘却，那么绝对是人类的倒退。因为这段历史诉说了人类智力的最伟大的创造。

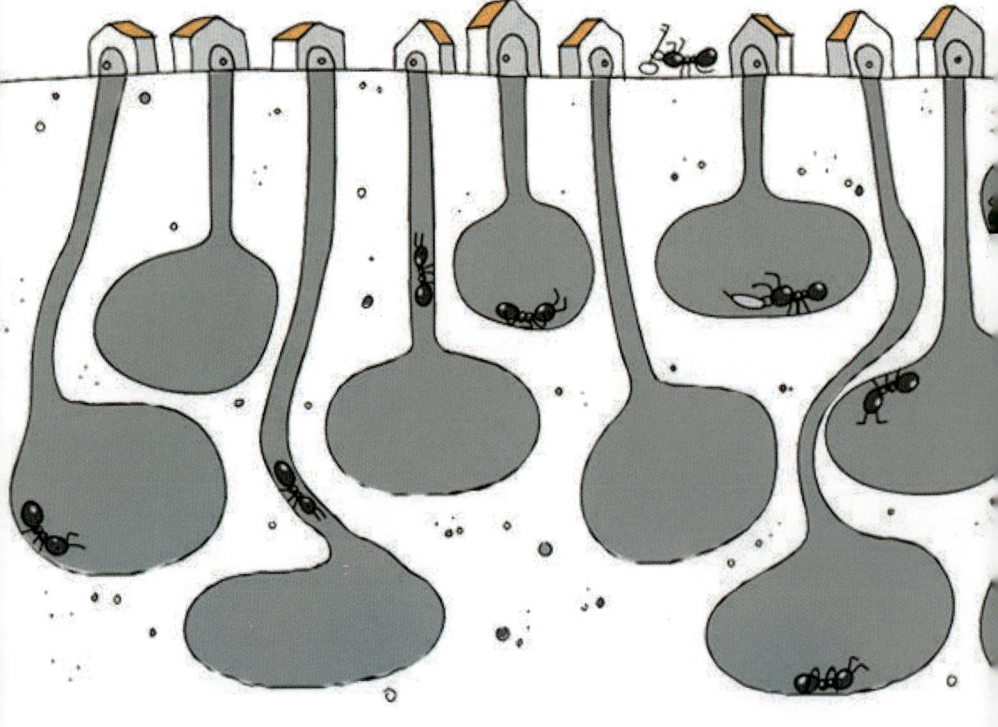

图书在版编目（CIP）数据

图解智力简史 / (西) 何塞·安东尼奥·马里纳著 ;(西) 马库斯·卡鲁斯绘 ；吴寒译. — 长沙：湖南科学技术出版社, 2021.12
ISBN 978-7-5710-1053-9

Ⅰ. ①图⋯ Ⅱ. ①何⋯ ②马⋯ ③吴⋯ Ⅲ. ①智力－进化－历史－普及读物 Ⅳ. ①B848.5-49

中国版本图书馆 CIP 数据核字(2021)第 124931 号

TUJIE ZHILI JIANSHI
图解智力简史
著　　者：[西班牙] 何塞·安东尼奥·马里纳
插　　画：[西班牙] 马库斯·卡鲁斯
译　　者：吴　寒
出 版 人：潘晓山
责任编辑：刘　英　李　媛
出版发行：湖南科学技术出版社
社　　址：长沙市芙蓉中路一段 416 号泊富国际金融中心
网　　址：http://www.hnstp.com
湖南科学技术出版社天猫旗舰店网址：
　　　　　http://hnkjcbs.tmall.com
邮购联系：0731-84375808
印　　刷：长沙艺铖印刷包装有限公司
　　　　　（印装质量问题请直接与本厂联系）
厂　　址：长沙市宁乡高新区金洲南路 350 号亮之星工业园
邮　　编：410600
版　　次：2021 年 12 月第 1 版
印　　次：2021 年 12 月第 1 次印刷
开　　本：880mm×1230mm　1/32
印　　张：8.75
字　　数：209 千字
书　　号：1SBN 978-7-5710-1053-9
定　　价：78.00 元
（版权所有·翻印必究）